物联网实战操作

激发物联网变革的新思维

韦康博◎著

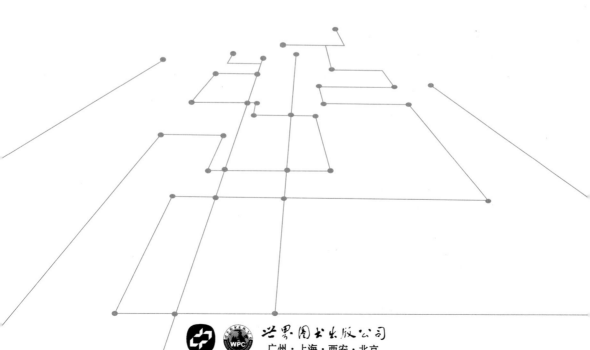

世界图书出版公司

广州·上海·西安·北京

图书在版编目（CIP）数据

物联网实战操作 / 韦康博著 ． -- 广州：世界图书出版广东有限公司，2017.5

ISBN 978 - 7 - 5192 - 2881 - 1

Ⅰ．①物… Ⅱ．①韦… Ⅲ．①互联网络－应用②智能技术－应用　Ⅳ．① TP393.4 ② TP18

中国版本图书馆 CIP 数据核字（2017）第 103472 号

物联网实战操作
WULIANWANG SHIZHAN CAOZUO

著　　者：韦康博
责任编辑：朱　霞
装帧设计：琥珀视觉
出版发行：世界图书出版广东有限公司
地　　址：广州市海珠区新港西路大江冲 25 号
邮　　编：510300
电　　话：（020）84459701
网　　址：http: // www. gdst. com. cn/
邮　　箱：wpc_gdst@163.com
经　　销：新华书店
印　　刷：北京中印联印务有限公司
开　　本：787 mm × 1 092 mm　1/16
印　　张：17
字　　数：235 千字
版　　次：2017 年 9 月第 1 版　　2017 年 9 月第 1 次印刷
国际书号：ISBN 978 - 7 - 5192 - 2881 - 1
定　　价：49.80 元

所谓"物联网"，就是实现世界万物联通和交流的信息网络。物联网经历了十几年的发展，它和计算机、互联网一样，都是可以颠覆人类生活的高效用技术，物联网的发展将掀起新一代的信息浪潮，它的进步将实现人类的第三次信息革命。

计算机、互联网已经从根本上颠覆了人们的生产、生活方式，而发展和利用物联网，将在这个基础上迎来新一次的颠覆。计算机、互联网打破了时间和空间的限制，将各个国家、各个地区的不同身份的人们彼此拉近，实现了人与人之间的高效、深入、全面的沟通和交流。而物联网时代的到来则打破了世界万物之间的界限，完成了物与物之间的联通和数据交互，实现了对世界万物的自动管理和控制。如果说互联网是一种人与人之间的网络构建，那么，物联网就是物与物之间的网络构建。人类社会的发展不仅要完成人与人的交流，还要完成物与物的自动控制，这样人类才能真正掌控世界，人类文明的发展才能真正实现大繁荣。

由于物联网是一门综合性的技术，所以物联网的应用也是综合性的应用，其应用所涉及的领域之宽、范围之广完全可以和互联网相媲美。与互联网相比，物联网是一个更大的网络系统，它的构建不仅包括自身独特的技术范畴，还包括互联网的诸多技术。物联网的应用包括远程医疗、智能交通、公共安全、环境保护、智慧家居、智能生产等多个领域，物联网如果能和互联网一样普及，那么，它所创造的经济价值和社会价值将是无与伦比的。

物联网可分为多个层次，公认的物联网三大层次是感知层、网络层和应用层，除此之外，还包括传输层等其他层级。同时，物联网也包含了大量先进技术，比如 RFID 技术、传感器技术、M2M 技术、蓝牙技术、互联网技术等。划分层级能够帮助人们更加方便有序地研究物联网，而且众多的技术手段也在支撑着物联网不断的发展和进步。

目前，虽然物联网包含的技术众多，但是技术手段不够成熟，导致物联网的研究看似简单，但过程却困难重重。此外，物联网的相关体系标准尚未建立，很多技术领域的相关标准和国际规范还在进一步的制定当中，因此，总体来说，物联网很多方面的建设还只停留在概念阶段。

值得庆幸的是，随着时代的发展，传统互联网满足人类应用需求的压力越来越大，人们开始将目光转移到物联网领域上来，对物联网的重视程度也越来越高，各大网络媒体争相报道物联网的相关信息，股市中也出现了物联网概念股的身影，而且国家和政府部门的城市规划建设方案中也提到了物联网的有关内容。此外，一些科技企业开始调整产业结构，试图向着物联网的方向转型，一些非营利性科技研发机构也加大了对物联网技术的投入。物联网应用的逐渐普及和技术的不断升级为商业发展和科技进步提供了新的动力，不仅如此，物联网技术还为教育领域提供了大量的学习教材，各大高等院校已经将物联网技术的相关内容编辑成书，引入校园课程，未来教育将培育出大量的物联网技术人才，创造出大量的物联网就业机会。

本书本着对科学技术的尊重和敬畏，查阅了物联网方面的大量资料，调研了各种物联网应用的实战案例，意在将该书打造成一本既能进入高等课堂，又便于自学爱好者独立学习的系统化一体式教程。本书从理清物联网的概念出发，从多个方面对物联网进行了论述，不管是狭义上的物联网，还是广义上的物联网，读者都可以通过阅读本书进行相关了解。本书以物联网的标准体系框架为骨，以物联网技术和各项实战案例为血肉，在总结国内外相关机构的研究成果的基础上，透彻分析了物联网技术的功能和原理，剖析了物联网各种网络和体系的构建过程，研究了物联网管理、服务、应用等方面的标准化内容。阅读本书，不仅能了解物联网的相关概念，还能通过具体的实战案例进行实践性操作，结合理论和实践，系统地学习和感知物联网。

目 录

—— CONTENTS ——

第一章

正在爆发的物联网革命：

怎样抓住物联网带来的商机？

第二章

物联网核心技术：

怎样掌握物联网发展的热门技术？

第三章

物联网体系的搭建：

怎样建设标准体系物联网？

第四章

物联网网络层的搭建：

怎样设计系统网络层？

第五章

物联网应用层的搭建：

怎样设计系统应用层?

第六章

物联网传输层的搭建：

怎样设计系统传输层?

第七章

物联网感知层搭建：

怎样设计物联网的皮肤和五官？

第八章

物联网安全：

怎样设计物联网安全体系架构？

第九章

自动识别技术应用：

怎样设计自动识别系统?

第十章

工业物联网：

物联网对工业自动化意味着什么?

第十一章

云计算平台：

怎样连接物联网与云计算？

第十二章

物联网在中国：

怎样推动我国的物联网建设？

第十三章

智慧城市建设:

怎样推动城市的智能化服务?

正在爆发的物联网革命：

怎样抓住物联网带来的商机？

　　随着信息时代的发展，物联网渐渐登上了世界历史的舞台，成为掀起新一轮信息革命的旗手。如果说计算机、互联网引领了前两次世界信息产业的浪潮，那么物联网必将引领世界信息产业的第三次浪潮。物联网的应用范围之广、覆盖范围之大可谓空前绝后，就连号称覆盖全球的互联网都望尘莫及。不久之后，物联网不仅能涉及各行各业，还能连接万事万物，因此，信息产业专家预言，物联网将成为下一个亿万级规模的产业，在未来的发展过程中，它将为人们带来无限的商机。

　　从技术角度来看，物联网是一个以无限射频电子标签技术（RFID）为基础，结合了多种已有技术（互联网技术、信息通信技术、数据库技术、中间件技术等）的网络系统。它通过大量的阅读器、移动电子标签、传感器等构筑了一个万物相连的网络，不仅能实现人与人的连接，还能实现人与物、物与物的连接，是一个比移动互联网更全面、更庞大的信息网络。物联网是一个能够影响人类未来发展的重点战略性新兴信息产业，它将极大地促进人类社会的信息化进程。人们利用物联网将物与物相互联系起来，将现实社会与虚拟社会相互联系起来，将人与世界万物联系起来，最终可实现对世界万物的绝对掌控。

1. 物联网——下一个亿万级的新兴产业

物联网是信息时代一个里程碑的发展阶段，继计算机技术、互联网技术之后，物联网技术成为了新一代的信息技术之一。物联网的英文名称为"Internet of things"，简称 IOT。由物联网的名称可以看出，物联网技术就是物与物之间通过互联网相连的技术。具体来说，它包含两层意思：

第一，物联网的硬件可以是多种物品，它的基础支撑技术仍是互联网。甚至可以说，物联网是互联网在物与物之间的延伸，或者说是互联网在各种终端应用上的拓展。

第二，互联网的延伸和拓展让互联网的应用范围变得越来越广，物与物之间不仅可以进行一对一相连。还能一对多、多对多相连，实际上，这种连接是信息的连接，通过这种连接可以实现信息互换，从而实现物与物之间的相互通讯。

物联网的发展，掀起了世界信息产业发展的第三次浪潮。随着通信感知技术的发展，物联网的应用越来越广泛，在智能感知技术、智能识别技术以及普适计算等的支撑下，物联网与众多其他高科技通讯技术形成了网络大融合。

物联网可以被应用到多个领域，比如公共安全、智能家居、工业监测、交通运输、改造环境、政府管理、医疗护理等。与计算机和互联网相比，物联网所涉及的技术手段更加综合全面，甚至涵盖了计算机和互联网的多种技术手段。可以说，互联网是计算机和互联网技术在物与物之间的综合应用。有关专家预测，在未来 10 年内，随着相关技术的普及和应用，物联网将成为下一个亿万级的新兴产业。

1999 年，人类第一次提出了"物联网"的概念，其定义为：在物品上安装信息传感设备，将这些设备与物联网连接，近而实现物与物之间的信息网络连接。总体来说，物联网应用的目的是实现物与物之间的智能识别和自动管理。进入物联网时代后，人们的生活中会出现这样的情景：按下智能手机的触屏按钮便可开启大门，房间可以根据太阳的移动变换角度采光；通过计算机下达命令可以使微波炉自动做饭等。

物联网完美地整合了 IT 技术，依托物联网，网络技术将大幅度提高应用范围，可以涵盖有物体存在的所有领域。人们只需要把一些精密的传感器嵌入到物体之中，如电力网络、公路隧道、供水系统、油气管道、水库大坝、钢铁桥梁等，就能通过互联网将这些物体整合，形成能够相互进行信息传输的物联网。这种整合意义深远，它打破了物理事物与人类社会内在联系的局限性，增加了物理事物的可控性，使物质社会与精神社会完美地结合。当物联网形成后，人们就可以通过网络对这些物体进行实时的监控和管理，从而极大地促进人类文明的发展。

整合物联网需要超级计算机的支撑，只有凭借超级计算集群的存储和计算能力，才能将海量的物理事物信息分类存储、整合计算。借助超级计算机集群将人、物、机器设备等整合在一张庞大的信息网络内，可以实现统一管理和统一调配，这样人们对生活和生产的管理将更加精细，而时时的监控和调整也能使管理更加动态。总之，物联网可以使人类更加灵活地掌控一切物体。所有物体在物联网的作用下，将变得更加智能，就像一个个既可以相互沟通，又可以接受统一管理的人类个体。

物联网时代，人类社会将发生颠覆性的变化。物联网的全面应用可以普遍提高生产力的水平，也能极大地提高资源的分配率和利用率。当物联网技术被用于治理环境时，还能够使人类和自然间的关系更加和谐。

要构建一个万事万物都能相互联系的世界，物联网的发展将成为必然趋势。物联网的基础是计算机和互联网，离开了这两大技术，物联网将无法全面实现。另外，射频识别技术、无限数据通讯技术等是物联网的核心技术，有了这些核心技术的支撑，物与物之间才能实现相互"交流"，而人在物联网中则担任主导者和指挥者的角色。

射频自动识别技术能够给每一件物品贴上标签，使它们拥有自己的"身份证"，这样一来，它们就可以更容易被识别。除了能让物体更容易识别外，该种技术还可以让物品"开口说话"，因为利用这种技术可以采集和存储物品的互用性信息，之后便可以通过无线数据通信技术传输到计算机互联网上，然后，再经由中央信息处理系统将这些采集来的信息进行统一识别、归类、存储、调配和管理。

物联网打破了人类思维的局限性，使硬件与软件得到了完美的融合。人们传统的思维观念是物理基础设施自成一体，包括桥梁、公路、大坝、建筑、隧道等；IT 基础设施自成一体，包括电脑、宽带、传感器、信号塔等。而在物联网时代，人们的观念是将物理基础设施与 IT 基础设施相结合，形成新一代的物联网基础设施。可以想象，如果将桥梁、电缆、铁路、建筑等装上芯片、连接宽带，通过传感器传输相关信息，再经由网络进行统一管理，这将是多么神奇的画面！如果把地球比作一个超级电脑，那么所有的物品都是这台电脑的硬件，人类借助软件等技术将地球的所有硬件联系起来，形成了一个信息统一分享的整体。

2005 年 11 月 17 日，国际电信联盟在信息社会世界峰会上发表了有关物联网的报告。报告称，继移动互联网之后，物联网时代即将来临，届时，杯子和牙刷可以联网，椅子和桌子可以交换信息，鞋子和手套可以自动调节温度。

2009 年 2 月 24 日，IBM 公司在论坛上发布了最新策略——"智慧的地球"。该公司负责人表示，"智慧的地球"策略将在中国得到广泛的应用，因为中国的基础设施在中国政府的大力控制和指导下正在进行快速的建设，所以，物联网在中国的应用空间会更加广阔。

物联网将成为世界经济的又一大增长点，很多物联网领域的专家认为，物联网的普及将拉动世界经济飞速增长。从环境角度来说，物联网的应用可以节省自然界内的有限资源，在保护环境的同时，还能提高资源分配的效率和资源的使用率，有利于人类社会的可持续发展；从经济角度来说，物联网的应用能大大节约生产和生活成本，帮助社会经济持续稳定发展；从技术角度来说，其应用必定会促进更多的高新技术发展，从而促进科学技术的快速进步。

而要真正实现一个高效的物联网必须具备两个重要因素：第一，规模性。规模越大，物联网的有效程度才会越高。第二，流动性。物联网不仅要适用于静止状态的物体，还要适用于动态的物体，甚至是高速移动的物体，物联网的覆盖性越广，有效程度也会越高。

作为引领信息产业发展的新一代浪潮，物联网的经济潜力无穷。未来，物物互联的业务将呈现指数性的增长，物联网的普及和应用将引领新一代的科技革命，人类的生活将在物联网的影响下发生颠覆性的变化，社会经济将在物联网技术的拉动下飞速增长。据有关权威机构预测，在未来十年内，以物联网为主导的物物互联的业务将远超以互联网为主导的人与人通信的业务，物联网将成为下一个亿万级的新兴产业。

2. 信息技术 3.0：物联网创造新世界

物联网是互联网发展到一定阶段的产物。50多年来，互联网的发展方向始终如一，人类发展互联网技术始终坚持尽量满足人类个性化需求的原则。根据这一原则，互联网时代在历史的推动下渐渐向物联网时代迈进，由互联网到物联网总共经历了三个发展阶段，分别是互联网1.0时代、互联网2.0时代、互联网3.0时代。

第一阶段是互联网1.0时代，该时代最大的特点便是"信息不对称"。这个时代的每个人都是信息源，人们可以将自己了解的信息通过网站网页输入到互联网上，在编辑规范化之后，实现在线存储和在线展示。但是在这一阶段，人们还无法进行在线支付，所以商品和服务并不能通过网络进行操作，人们要获取产品和服务，就需要亲自到百货商场和服务机构。随着信息的不断增多，出现了"信息盈余"现象，海量的信息让人们目不暇接，信息需求者很难在其中快速找到自己需要的信息。于是，人们对在互联网上快速查找精准信息的要求不断提高，一些商家看准了商机，以精准查找信息为标榜的"搜随引擎"应运而生。

第二阶段是互联网 2.0 时代，又称"移动互联网时代"。这一阶段出现的问题是"效率不对称"，虽然人们已经能够通过搜索引擎在互联网上快速查找精准信息，还能在线完成商品和服务支付，但是线下产品和服务的供应效率有待提高。智能手机的普及，让互联网进入移动时代，人们随时随地都可以通过安装各种应用软件完成在线商品支付，但是商品供应链在线下，这样就形成了"服务盈余"的情况。大量在线 O2O 服务使人们享受服务的质量和效率普遍提高，商品的及时供应成了互联网商业的短板。人们在众多服务中寻找最优服务的难度增加，这类需求也使得"共享经济"服务平台成为主流。

第三阶段是互联网 3.0 时代，又称"信息技术 3.0 时代"，这一阶段的主流是物联网。我们知道，物联网是以移动互联网为基础的，这一阶段的主要矛盾是"智慧不对称"。这是因为，随着市场需求的个性化、碎片化，海量数据处理难度的加大以及商业节奏的不断加快，以人脑的智慧很难完美处理相关事务。于是，人类利用互联网技术构造出了"云脑"。借助云脑的无限存储和超级计算能力，人类可以完成在线查找精确信息、分析海量数据、选择最佳方案、管理物理基础设施等众多工作。这样一来，人类就可以将大量繁琐、重复、信息量大、计算量多的工作分担给"云脑"来完成，而利用人脑来从事更具创造力的工作。

物联网的时代悄然来临，很多科技大咖认为物联网的风口在"云端"和"云脑"上。云计算、大数据技术将为物联网插上飞速发展的翅膀。物联网要想全面普及，需要与"云脑"相结合，在强大的互联网的支撑下，物联网的应用和普及将引起一场巨大的科技变革。阿里巴巴创始人马云对物联网时代充满期待，他指出："我们经历的这一次技术革命是在释放人的大脑，未来三十年，整个变革会远远超过大家的想象。"

借助互联网，人类走进了"万物互联"的物联网时代，而在物联网时代，人类将用计算代替思考。在物联网还未出现之前，人类只能通过人脑来控制和管理物品。比如，起床时要亲自叠被子，穿鞋时要亲自系鞋带，烧水时要亲自扭开水龙头将水装满。在物联网时代，这些情况将会发生改变：当我们走下床铺，被子会接收床身的压力信号自动叠好；当我们将脚伸进鞋子，鞋带会感知鞋底的压力自动系好；当我们要烧水时，只需点下手机的按钮，水龙头会自动放水将水瓶装满。

2016 年，世界著名科技公司 IBM 推出了"认知计算"的新战略，在此之前，该公司还提出了以物联网为核心的战略——"智慧地球"。如今，随着云计算、大数据等技术的发展，物联网时代将进入全新的发展阶段。物联网需要借助互联网技术将物与物连接起来，之后还需要由一个专门的"大脑"进行统一管理，从而使人脑从繁琐的物品管理中解放出来。这种专门用来管理物品的网络大脑被称为"云脑"。现在，各大科技巨头正在紧锣密鼓地研发"云脑"，如果谁能在"云脑"技术方面取得领先地位，那么谁就能成为未来科技的引领者。如果互联网是一个"学校"，那么大数据就是拥有海量信息的"图书馆"，"云脑"就是不分昼夜、用功阅读和学习图书内容的"孩子"。将来，这些"孩子"能够管理千千万万的物品。在研发"云脑"的科技公司中，我国较为有名的"云脑"项目有阿里巴巴个人助理＋、百度度秘等，国际上较为有名的"云脑"项目有 Microsoft Cortana、Apple Siri、Google Now、Facebook M、IBM Watson、Amazon Echo 等。这些"云脑"项目都在各自的领域快速发展着，终有一天，世界会因为他们的存在而彻底改变。

据国际著名公司英特尔的专家预测，截止到 2020 年，在世界范围内，通过网络相连的物联网设备累积将达到 500 亿个。届时，人类将实现"万物互联"的伟大计划，开始进入"万物控制"的全新阶段。如果把未来的智能设备比作一只只智能较低的"蜜蜂",那么设备之间连接成的物物互联网络就是一个个庞大的"蜂巢",而"云脑"所扮演的便是"养蜂人"的角色。人类借助"云脑",无需自己操心,便可自动控制所有物联的"蜂巢"。

如今,物联网的发展还只停留在通过无线设备相互连接,以人类下达的命令来辅助控制和管理物品的阶段。虽然现在的机械设备和植入传感器的物理设施还无法通过"云脑"进行大规模的自动控制,但是随着"云脑"学习能力的不断提升以及自动控制技术的不断发展,人类将实现以少数管理员通过"云脑"控制无限物联设备生态圈的伟大目标。

阿里研究院与华泰证券研究中心的研究成果指出,物联网的持续发展将触发"DT 经济大爆炸"(DT 是数据处理技术的英文缩写)。移动互联网时代是信息技术时代,也就是 IT 时代;物联网时代是数据处理技术时代,也就是 DT 时代。在不久的将来,DT 时代将取代 IT 时代,人类将生活在一个物物相连的物联网世界。那么,为什么说物联网的持续发展将触发"DT 经济大爆炸"呢?

DT 时代到来后,人类的生产、生活方式将发生颠覆性的改变,而物联网将成为促进这种改变的中坚力量。在互联网之外,存在着大量的个性化需求,这些需求富有个性,亟待开发。有需求就会有市场,线下非数据化的市场空间远远比互联网市场要广阔得多。在传统互联网市场中,人们通过收集和利用网民的线上数据来创造商业价值。目前,全球网民约占世界总人口的 44%,总数达到 32 亿,网民上网产生的数据量高达 7.9ZB,人类利用这些网上数据创造了巨大的商业价值。然而,即使是像中国和美国这样的互联网大国,每年互联网经济的比重也只占全国总 GDP 的十分之一。

这样看来,在数据化市场之外,还有 90% 的 GDP 产业有待进一步开发。如果将这些产业通过物联网进行连接,实现由"云脑"控制的数据化管理,那么,世界经济将大幅度增长。通过多种多样的传感器和智能芯片实现万物相连,能够满足另外 40 亿不上网的世界人口对信息网络化的需求。随着"云脑"技术的发展,未来 20 年内,工厂的机械设备、家居的电气设备、社会的公共施设、生活和生产用品等都能相互联网，共同组建一个庞大的可以统一组织管理、统一利用调配的物联网。而这种相互连接的网络将使人类社会经济突飞猛进，因此，物联网专家才表示物联网将触发"DT 经济大爆炸"。

3. 物联网：改变人类生活的前沿科技

据世界权威网络机构预测，2022 年，世界遍布的互联网传感器将突破万亿大关，真正实现万事万物相连的伟大目标。可以想象，当一万亿个传感器分布在世界的每一个角落，人类对地球上万事万物的控制将达到一个惊人的程度。当人类迈入物联网时代，全球化会变得更加名副其实。

目前，物联网已经不再是理论中的概念，它已经成为实实在在的科技成果。以人们熟知的电视机为例，几十年前，电视机依靠天线等无线设备接受信号，只能收看很少的本地节目。随着技术的进步和科技的发展，传统的黑白电视变成了彩色电视、数字电视，信号接收也由原来的无线变成了有线。稳定的信号让电视机的节目越来越丰富，人们可以在几十个电视台中选择自己最喜爱的节目观看。但是，这仍然会受到电视台规定节目单的局限，电视节目中穿插的广告也一直是人们想要摆脱的。如今，在移动互联网技术的支持下，互联网电视成了时代的新宠。电视除了可以连接网络，观看到丰富的节目外，还能受智能手机的控制，也就是说，智能手机可以与网络电视通过无线设备相连，人们可以把智能手机当作遥控器，对网络电视进行控制，从而观看自己最喜爱的网络节目。这其实就是最贴近人们生活的物联网的应用案例。

以往只有家用电脑、笔记本等计算机设备可以连接网络，而今，智能手机、网络电视、智能手表、智能家电等都能实现联网。物联网已经成为了日常生活中显而易见的事情，而不再是科学实验室中的概念产品，云计算、大数据等技术的发展，可以促进物联网的普及应用。近年来，全球 IT 企业纷纷开始施展动作，试图加入对物联网大数据技术的研究和开发。目前，微软、谷歌、IBM 等国际科技巨头之间的竞争越来越激烈，它们大肆收购有关大数据分析和研究的软件企业，花费巨资打造多个全球物联网数据中心，单单收购大数据公司就已经耗费了 150 亿美元。

然而，由于物联网现阶段的应用和普及程度较低，一些小企业出于商业目的而经常拿大数据概念炒作，所以，一些民众在众多的信息中迷失了方向，对物联网、大数据等概念比较模糊，甚至有些人还只停留在对物联网、大数据等概念的认知阶段。但事实上，一些具有实力的 IT 企业已经开始布局物联网、大数据等，通过这些科技巨头的深入挖掘和研究，物联网、大数据等前沿技术的真正价值将在不久的将来得以呈现。

作为全球发展最快的发展中国家，我国经济的发展与科技的发展相互促进。而在最近几年，物联网技术越来越受到我国政府部门以及科技企业的重视，于是，关于物联网技术的实验和研发项目变得多如牛毛。在我国政府和相关政策的支持下，物联网产业逐步兴起。物联网在全球范围内的发展更是远超普通民众的想象，据相关科技部门预计，物联网如果能与大数据等技术相结合，将产生 14 万亿美元的经济价值。

然而，物联网的价值远非如此。从目前的形式上看，物联网的应用形式呈现出多样性和广泛性，其潜在价值会更加巨大。如今的企业还远远无法支撑庞大的物联网产业，现代科技企业的研发内容也与物联网相去甚远，也就是说，物联网的市场在一定程度上还处于空白阶段，其市场空间相当广阔，有待众多的科技企业去研究和开发。

全球资深技术顾问斯蒂芬·普伦蒂斯表示，随着大数据、云计算等技术的发展，物联网为人类创造的机会会变得越来越多、越来越大，其中包括制造业机会、设备持续管理机会、大数据实时信息分析机会等。而这些机会无疑都是尚未开发的巨大商机，不仅是企业应该仔细探讨和挖掘的，更是社会管理部门和经济发展部门应该密切关注的。物联网业务与传统业务的流程密切相关，它们之间存在着本质的相同，开发和应用物联网不仅仅是新技术领域的创新成果，更是对传统产业的换带升级。这种带动力和推动力不是边边角角的局部推动，而是对社会整体科技的持续推动。

从表面上来看，物联网的价值在于实现了物与物的网络连接，实现了对多种物品的统一管理和统一利用。然而，物联网的价值远非如此。从更高的层面上看，物联网的价值在于对大数据的管控。通过连接物与物以及利用射频识别技术，人类获取了海量的数据流，然而，对于如此庞大的信息量，人脑的容量相形见绌。这就需要利用"云脑"对这些信息进行汇总、存储、处理以及利用，这才是物联网对人类的主要意义。

据我国中科院物联网研究的院士介绍，物联网产业是一个依靠数据才能驱动的产业，特别是当物联网产业达到一定规模后，这种对大数据的依赖性将愈加明显。只有通过网络获取了物与物相连的相关数据，智能"云脑"才能处理、分析、利用这些得来的信息，进而对人类的生产、生活做出相应的决策。同时，在大数据的驱动下，物联网才能在商业领域得到多种应用，实现其本身最核心的商业价值。

虽然物联网的潜在价值极大，但就我国目前的形式而言，物联网产业的发展还相对落后，物联网还未曾得到普遍的开发和应用。在一些落后的地区，物联网还只停留在概念上。从整体上来说，人们认为物联网是新一代的创新科技，都对它趋之若鹜。近年来，国内的许多科技企业也纷纷将发展的方向瞄准物联网，一些人甚至认为物联网的门槛低，价值大，一旦进入便可成为商业领域的一颗璀璨明珠。但实际上，物联网产业无论在国内还是在国外都还只处于起步阶段，并且物联网技术远非人们想象的那么简单。其实，物联网技术是一门综合性的技术，它集合了计算机技术、互联网技术、传感器技术等人类科技一线的尖端技术，要想真正实现物联网，还需要较长的一段路程。

目前，我国的物联网产业已经开始发挥作用，它已经带动一部分元器件和设备的生产制造，为我国的部分企业创造了可观的价值。物联网为人类带来的价值是长远而巨大的，它的普及和应用就像人类种植树木一样，需要经历较长的时间，但它所创造的价值却是传承性的，也是具有深远意义的。物联网所创造的间接利益比直接价值要大得多，它看似是一个全新的产业链，其实，它与其他传统的产业链拥有千丝万缕的联系，物联网产业的发展将带动其他传统产业链共同发展。这才是物联网的真正价值所在。

4. 决定物联网未来发展的传感器技术

目前，人类在物联网领域虽然取得了一些成果，但还没有实现较为成功的商业应用。这是因为人类在物联网感知层方面的技术还不到位，还不能完美布局感知层的多种传感器。

据有关资料显示，物联网要应用于商业模式中，首先需要物物相连产生足量的数据，当大量的数据产生后，人类才能利用计算机分析和利用这些数据，从而发现人们对物联网的个性化需求。通过数据分析出人们的需求后，再利用相关技术生产出能满足这种需求的商业产品，进而拉动商业经济的增长。

而使物物相连产生数据需要一个前提，即普及性地铺设传感器。然而，目前世界上普遍铺设传感器的国家寥寥可数，只有像日本等少数制造业发达的国家才具备。如果无法解决这种物理接入点的问题，就谈不上物物相连，更谈不上由物物相连产生海量数据。另外，数据的便捷性输入也是一个尚未解决的难题，人类还没有发明出足够便捷的读头载体。

物联网商业化的基础是获取足够多的物理数据，而数据的产生依赖于传感器的铺设，传感器铺设不足，就相当于数据没有来源，物联网的商业化发展就会寸步难行。

通常人们对物联网前景的预测都较为乐观。一些权威机构预测，物联网所属的传感器数量将在未来 10 年至 20 年内达到万亿层次，物联网将在极短的时间内，由概念发展到大规模的普及应用。要实现物联网的普及应用，一方面需要政府政策的大力支持，另一方面需要互联网商业市场的不断完善，同时，也需要科技部门将物联网与人们的日常生活相结合，不断开发出创新、升级的物联网产品。电脑的普及应用使人类进入了互联网时代，智能手机的普及应用，让互联网时代升级为移动互联网时代。而由移动互联网时代向物联网时代过渡，也需要科技企业发明出如电脑、智能手机一样的具有划时代意义的创新产品。

中科院专家刘海涛说："与计算机、互联网产业不同，中国在'物联网'领域享有国际话语权！"这句话表明，我国在物联网领域将不再像在计算机、互联网领域一样落后于发达国家，我国物联网将与发达国家的物联网同处于一个起跑线，甚至在某些方面，我国在物联网领域享有国际话语权。

我们知道，互联网是物联网的基础。如果能实现互联网的全面覆盖，就能为物联网的发展提供一个良好的大环境。作为物联网必不可少的基础设施，无线网络的覆盖至关重要。而我国在无线网络的覆盖上已经做得足够完美，如今，无论是各大城市还是乡镇农村，都已经全面覆盖了无线通讯网络，甚至在偏远的山村、孤立的海岛、高耸的山顶都能接收无线通讯网络。例如，一些动物学家可以将传感器装在迁徙的动物身上，通过无线网络获取它们迁徙的数据；农民可以将传感器装在植物上，利用无线网络监控农作物的生长情况；科技企业将传感器装在家用电器上，客户利用无线网络可以方便地操控家用电器。要真正实现物联网，就需要利用无线网传输装在数以亿计物品上的传感器信号，再利用云计算技术将这些所获取的信号进行分类处理，这样才能对各种各样的物品进行实时的监控和动态的管理。

目前，我国物联网的科技研发水平相对先进，位于世界前列。1999 年，我国中科院发动了与物联网紧密相关的科研项目，即传感网络研究项目。该项目与发达国家的物联网科技项目具有同等优势，为了顺利完成这一项目，中科院投入了大量的人力和财力，其中，参与研究的人员超过 2 000 人，投入的资金高达数亿元。经过多年的努力，我国已经在互联网的相关技术领域取得了重要成果，这些技术包括微信传感器技术、传感器终端机技术、传感器网络通讯技术等。同时，最令国人骄傲的是，我国已经拥有了物联网流程的完整产业链条。这些成就充分证明了我国与美国、德国、韩国等发达国家一样，都具有主导物联网国际标准制定的实力。

实际上，我国之所以能成为国际物联网标准制定的主导国家之一，一方面是因为我国在物联网技术和互联网覆盖率方面具有国际领先水平，另一方面是因为我国具有使物联网实现产业化的实力。

2009 年 8 月 7 日，国家总理温家宝对苏州无锡进行了调研工作，在调研工作中，温总理对无锡的微纳传感器研发中心非常重视，并建议将我国的传感网络中心建立在无锡境内，带领全国走上物联网传感器研究发展的道路。

在党组织和温总理的号召下，无锡传感器中心加紧对传感器的试验和研发，并取得了不俗的成就。2009 年，无锡生产的传感器被应用到了上海浦东国际机场，用于机场的安检、防范等工作，同时，在上海世博会上，无锡的传感器也大放光彩，单单首批传感安全防护设备的销售额就达到 1 500 万元。据有关负责人介绍，这套传感安全防护设备所用到的传感器数量多达 10 万个，而且其特点显而易见，不仅体积十分微小，质量也较轻，即使数量如此之多，总体重量也比同等水平的传感器设备轻。这组设备可以实现区域间物与物的连接，只要将这些微小的传感器散布到墙头、阶梯、扶手、红绿灯等街道的各个角落，传感器就能将获取的声音、图片、压力等信息通过无线网络传输到计算机上，实现物物连接，如此一来，人们就可以通过这套设备获知爬过墙头的是人还是其他动物。这种技术的有效应用，将为人们的安全提供更有力的保障。

如果将这种物联网技术应用到国防方面，我国的国防将能如虎添翼。建立起这种物联网传感防入侵系统后，边防战士可以及时发现越境的偷渡人员，做到及时处理。利用这套物联网传感防入侵系统，政府部门也将能掌握恐怖分子的入侵，做到及时打击和阻止。与美国等发达国家的防入侵产品相比，这套物联网传感防入侵系统更加高效、可靠，不久，我国的航空部门将在全国民用机场全面普及这套物联网传感防入侵系统，保障客机和民众的安全。

以上海浦东机场为例，早在 2009 年，浦东机场对建立物联网传感防入侵系统的投入就超过了 5 000 万元。以这种投入计算，我国共有民用机场 200 多家，如果将所有的民用机场都买入并安装这套物联网传感防入侵系统，是民航运输领域就能产生上百亿的物联网商业市场。

物联网在我国的发展虽然只是刚刚起步，但是我国在该领域的基础雄厚，传感器等基本硬件较为先进，因此，我国物理网未来的发展将更具潜力。另外，物联网技术如今已经走入我国的高效研究机构，比如北京邮电大学、南京邮电大学等都是一流的物联网研发基地。物联网研究能够走进校园，成为教育的基本内容，将为我国培养物联网技术人才奠定坚实的基础。随着物联网人才的培养，我国在物联网领域的科技创新必将成为世界瞩目的焦点，这也势必会带动我国物联网产业的快速发展和不断进步。

5. 物联网与其他网络的联系和区别

物联网的发展是大势所趋，除物联网之外，还有传感网、互联网和泛在网，物联网与这些网络之间既有联系，也有区别。

（1）物联网与传感网的区别和联系

顾名思义，物联网强调的是物与物之间的连接，接近于物的本质属性，而传感器强调的是技术和设备，是对技术和设备的客观表述。从总体上来说，物联网与传感网具有相同的构成要素，它们实质上指的是同一种事物。物联网是从物的层面上对这种事物进行表述，传感网是从技术和设备的角度对这种事物进行表述。物联网的设备是所有物体，突出的是一种信息技术，它建立的目的是为人们提供高层次的应用服务。传感网的设备是传感器，突出的是传感器技术和传感器设备，它建立的目的是更多地获取海量的信息。

从细节上来说，传感网又可以被称为传感器网。构成传感器网需要两种模块，一种是"传感模块"，一种是"组网模块"。传感网更加注重对物体信号的感知，比如感知物体的状态、外界环境信息等。而物联网却更注重对物体的标识和指示，如果要标识和指示物体，就要同时用到传感器、一维码、二维码以及射频识别装置。从这个层面来看，传感网属于物联网的一部分，它们之间的关系是局部与整体的关系，也就是说物联网包含传感网。

（2）物联网与互联网的区别和联系

实际上，互联网是物联网的基础，而物联网是升级换代后的互联网。换而言之，物联网是互联网的高级形态。互联网连接的主体是人，物联网连接的主体是物，但物联网不是单纯的对物的连接，它是先连接了人之后，才延伸到对物的连接。互联网以人工为主进行信息的采集与处理，物联网以"云脑"等人工智能为主进行信息的采集和处理。

互联网与物联网的关系就像父亲与儿子的关系，物联网是互联网的新生代，是互联网的创新成果。二者的区别主要体现在以下三个方面：

第一，从覆盖范围上来看，物联网的覆盖范围比互联网的覆盖范围大得多。从主要作用上来看，互联网的主要服务对象是人，人能通过互联网相互交换信息，为日常的生产生活带来便利。物联网的诞生，主要是为了帮助人类管理物。如果将地球比作人类的家，那么物联网就是为人类管理家中大小物品的管家。在没有人参与管理的情况下，物联网可以让物与物之间自动交换信息，并对物品进行实时的监控和管理。互联网与物联网的区别在于，互联网是直接服务于人类，而物联网是间接服务于人类。与互联网相比，物联网的实现相对困难，因为互联网服务过程由人类直接参与，由于自身的主观能动性，人可以对互联网中出现的问题进行及时发现并解决，但是物联网却脱离了人的直接参与，物体出现的问题也全部由人工智能进行分析、管理和纠正。但是人工智能远远没有人脑灵活，所以，一些特殊性问题很难得到及时解决。

从复杂性上来说，物联网比互联网更甚。未来，物联网的应用将远超互联网，物联网产业的发展，无论在经济带动性上还是社会影响力上，都要比互联网的作用更强、更大。互联网解决了人类的沟通问题，实现了人与人之间的信息互通和共享，物联网不仅沟通了人与人，还沟通了人与物、物与物，利用物联网技术，人类可以实现对物的智能管理和智能决策控制。

第二，互联网的终端包括台式电脑、笔记本、智能手机、平板电脑等。利用这些互联网终端，人们可以看新闻、看电影、发邮件、收邮件、买股票、买基金、订外卖、订机票等等。这些终端与互联网的连接方式可以是有线连接，也可以是无线连接。而物联网的终端是无数的传感器，这些传感器连接成网，并通过汇聚节点与互联网进行连接。其主要连接方式是无线连接，这需要两个过程，一是利用读写器连接 RFID 芯片和控制主机，二是通过控制节点连接控制主机和互联网。由此可以看出，物联网与互联网的接入方式和应用系统都是不同的。无线传感器网络和 RFID 应用系统是物联网接入互联网的两种主要方式，物联网获取数据的方式通常有两种，一种是由传感器自动感应，一种是由 RFID 读写器自动读出。

第三，与互联网相比，实现物联网需要涉及更多的技术，包括互联网技术、计算机技术、无线网络技术、信息通讯技术、智能芯片技术等。也就是说，互联网技术只是物联网所涉及技术的一个方面。另外，物联网与互联网的区别还在于，一个作用于虚拟世界，一个作用于现实世界。

（3）物联网与泛在网的区别与联系

互联网与物联网相结合，便可以称为"泛在网"。利用物联网的相关技术如射频识别技术、无限通讯技术、智能芯片技术、传感器技术、信息融合技术德等，以及互联网的相关技术如软件技术、人工智能技术、大数据技术、云计算技术等，可以实现人与人的沟通、人与物的沟通以及物与物的沟通，使沟通的形态呈现多渠道、全方位、多角度的整体态势。这种形式的沟通不受时间、地点、自然环境、人为因素等的干扰，可以随时随地自由进行。泛在网的范围比物联网还要大，除了人与人、人与物、物与物的沟通外，它还涵盖了人与人的关系、人与物的关系、物与物的关系。可以这样说，泛在网包含了物联网、互联网、传感网的所有内容，以及人工智能和智能系统的部分范畴，是一个整合了多种网络的更加综合和全面的网络系统。

　　泛在网最大的特点是实现了信息的无缝连接。无论是人们日常生活中的交流、管理、服务，还是生产中的传送、交换、消费，抑或是自然界的灾害预防、环境保护、资源勘探，都需要通过泛在网连接，才能实现一个统一的网络。而这种对事物的全面而广泛的包容性，是物联网无法企及的。

　　物联网与泛在网的联系在于，它们都具有网络化、物联化、互联化、自动化、感知化以及智能化的特征。

第二章

物联网核心技术：

怎样掌握物联网发展的热门技术？

从专业意义上说，物联网就是一种通过射频识别装置、无限传感网络、GPS、激光扫描仪等传感设备，按照一定的规则和协议把任何物体与网络连接在一起，进行数据交换和通信，以实现各种智能化识别、传输、监控、定位和监测的网络。所以对物联网系统来说，最重要的是技术，离开了技术，物联网难免会沦为无根之木、无源之水。

物联网所涉及的技术种类繁多，跨越了多个领域。单论关乎其命脉的核心技术，就有应用技术、网络技术、感知技术、识别技术四大类和识别和感知技术是物联网系统的皮肤和神经，它们赋予世间万物以名称和属性。网络技术是物联网的传输通道，它用最先进的协议和规则将数据压缩优化，是万物连接的桥梁。而应用技术和自然科学挂钩，通过对信息和数据的运算、推导，使物联网系统得到应用和实践。

物联网的核心技术环环相扣，在促进万物互联的同时，也加速了技术领域之前的融合。其中，一个技术标准和规范、一个应用系统，甚至是一个应用部件、一项算法都是密切研究的对象。

1. 三大热门技术推动物联网革命

推测物联网的影响范围非常困难，因为物联网技术无处不在，并逐渐渗透到了我们意想不到的范围和区域，但是要了解其革命发展的推动力则相对容易，家居自动化、工业物联湾和无人驾驶汽车就是物联网时代最热门的三大技术。

一．家居自动化

在家居自动化方面，谷歌的技术绝对居于世界前列，收购 nest 公司更是如虎添翼。在谷歌的带领下，各大科技公司都开始把智能家居的研发和推广当成了一项核心战略，而这项战略的发展前景相当之大。据统计，在一个普通家庭，可以相互连接的物体就多达 500 个。家居智能化最重要的一个环节就是环境控制系统，在服务器控制核心的作用下，由传感器检测室内的空调和加湿器等设备，对室内的温度、湿度以及光照强度进行智能调节，最终达到控制室内环境的作用。环境控制系统主要由三部分组成：

（1）温度控制。首先要配备测温电路，一般采用单总线数字温度传感器对温度的信息进行处理和分析，实现对环境温度的智能控制。温度控制系统将数字电路和传感器集成在了一个芯片上，下图为单总线数字温度传感器的原理图：

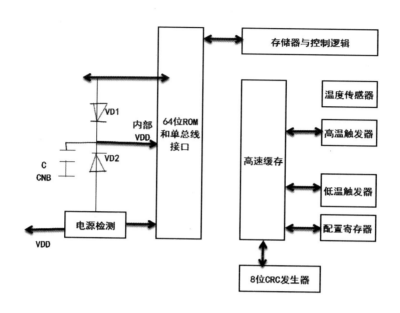

图 2-1-1 单总线数字温度传感器原理图

如图所示，传感器有四部分组成，分别为配置寄存器、非挥发温度报警触发器、温度传感器和 64 位 ROM(只读存储器)。

（2）湿度控制部分。这一系统主要由两部分组成，非别为加湿器和排气扇。一般采用湿度传感器进行湿度的检测和分析，湿度传感器内部具有经过激光调整的互换型集成电路，它的输出电压和 RH 值（溶液中氢压的负对数值，是表示溶液氧化还原电位的一种方式）呈现一种线性关系，具有精确高、响应迅速以及漂移小等特点。

（3）光照强度控制部分。在光照测量环节，一般选择大电流和大势能的硅光电池为光照传感器的转换元件，将光照强度转化为电流信号，再通过一定的数据运算转化为电压信号并输出。通常，光照强度主要通过步进电机和控制百叶窗的闭合来调整。

下面是智能家居系统的整体功能图：

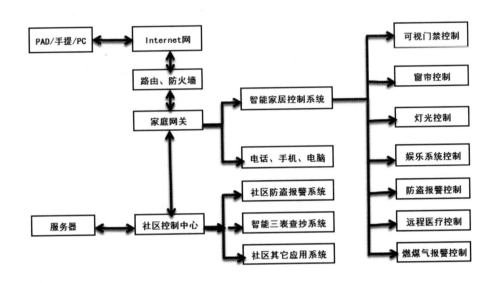

图 2-1-2 智能家居系统整体功能图

上图几乎涵盖了智能家居系统的所有功能，当然，大部分的家庭只安装了部分功能。在智能家居的实际应用中，无线网关和无线智能调控是最常用的。无线网关可以将无限传感器以及无线探测器所检测到的所有信息发送到控制服务器，再由控制服务器通过无线网关发送到用户的手机、电脑等设备上。例如，家里无人时，屋门被打开，门磁探测器就会将信息通过无线网关发送到用户的手机，用户看到信息后自主选择控制指令，包括屋门自动上锁和触发报警器。

无限智能调控用到上文提到过的温度传感器和湿度传感，可以自动调节室内的温度和亮度，衍生出来的功能有调节空气质量、门阀等。

二. 业互联网技术

在信息时代，投资者多倾向于投资与工业互联网有关的项目，工业互联网将传感器和软件系统合二为一，使机器设备之间可以互相通信和传输数据。特别是生产和制造业，工业互联网可以增加工作效率，减少停工时间，从而提高企业的利润。据统计，未来，工业互联网将会使全世界的 GDP 总值增长 10~15 万亿，通用电气、英特尔以及德国宝马都是推动工业互联网发展的先行者。

工业互联网与物联网技术密不可分，最简单的体现就是生产的智能化。通过射频识别和传感技术，生产设备可以收到用户对产品的个性化需求，然后按照一定的规则和特点进行按需生产。要全面了解工业互联网，需要明确其三大元素。

（1）智能机器。用颠覆性的方法将现实世界的机器、团队、网络和设备通过传感器和软件应用程序连接在一起，其中也用到了智能机器人技术。

（2）高级分析。使用基于数学和物理的预测法、分析法和材料科学、电气工程和其他关键学科，来研究智能系统和智能机器的融合与运作方式。

（3）工作人员。主要是建立工作人员之间的实时连接，让他们可以随时传输各自所得到的数据和信息，以支持更加智能的服务、安全、设计和维护操作。

以上三大元素结合起来，将会为企业的发展赢得重大的机遇。例如，原始的统计方法主要是历史数据收集技术，这种方法的缺点就是将数据的获取、决策和分析分开进行，导致效率得不到提高。伴随着工业互联网技术的发展。实时数据的处理能力得到大幅度提升，高频率的数据被找出后，可以立即利用智能机器进行高级分析，再加上工作人员的协同合作，极大地提高了数据利用率。

三. 无人驾驶技术

无人驾驶技术可以应用于各种运动的载体，目前，发展潜力最大的当属无人驾驶汽车技术，该技术的目标是完全取代驾驶员。无人驾驶汽车领域的"领头羊"依然是谷歌，据悉，谷歌无人驾驶车已经获得了加利福尼亚州立法获批，而且在 2012 年 5 月 8 日，美国内华达州为谷歌无人驾驶汽车颁发了一张合法的车牌，只不过，无人驾驶汽车的车牌是红色的。此前，谷歌无人汽车只在内华达州上路了三个月，这充分表明了无人驾驶技术的巨大前景和价值。

实验表明，谷歌的无人驾驶汽车比普通汽车的安全系数更高，可安全行驶113万公里，而普通汽车平均行驶100万公里就会出现一次交通事故。除了帮助我们减少车祸死亡率，无人驾驶汽车还能帮助我们保护地球。由于无人驾驶汽车在节能、制动以及加、变速等方面都进行了优化，其燃油利用效率、有害气体控制效率都比传统汽车要高很多。据麦肯锡咨询公司统计，谷歌无人驾驶汽车每年可以帮助减少千万吨有害气体的排放。

谷歌无人驾驶汽车的技术原理是这样的：在行驶开始时，车顶上的扫描器会发射64束激光射线，激光碰到车辆周围的物体就会反射回来，这时，车内的测距仪就会计算出物体与车子的距离。而另一套安装在底部的系统会测量出车辆在多个方向上的加速度、角速度等数据，然后再结合定位系统提供的数据计算出车辆的位置，所有计算出来的数据与车载摄像机捕获的图像最后一起输入计算机，软件就会以极高的速度处理这些数据。这样，系统就可以非常迅速地对环境做出判断。因此，无人驾驶技术绝对可以称得上是物联网的杀手级应用。

2. IPV6：物联网建设的通信基础

一提到物联网的核心技术，很多人首先想到了各种识别技术、传感技术、大数据以及云计算。其实，在物联网的网络领域，计算机IP协议的创建与管理更为重要。早期，因特网使用的IP协议为IPV4，但随着世界网络的充分开发，物联网终端接入用户的猛增导致IPV4协议的地址几乎耗尽，IPV4的地址长度为32位，一共可以分配$2^{32}-1$个地址，大约可以供42亿用户连接网络。而现在全球已经有73亿人口，接入网络的用户只会增加，不会减少。如果这个问题得不到解决，就等于在通信基础上"革"了物联网的命。当然，依靠网络地址转换以及网关等地址复用技术，可以在短时间内缓解地址使用危机，但加大了各种中间状态的维护，增大了传输成本，也造成了性能上的瓶颈。

为了彻底解决 IPV4 存在的问题，IPV6 应运而生，其地址长达 128 位，有 $2^{128}-1$ 个地址，可以彻底解决 IPV4 地址不足的问题。有科学家开玩笑说："这样，世界上的每一个粒子都可以被安排一个 IP 地址。"不仅如此，IPV6 还可以实现主机地址自动配置、安全认证和加密等多项技术。不论是物联网系统的各个接入层，还是其骨干网路、智能服务器或者传感器终端，都离不开 IPV6，IPV6 带来的海量地址空间和快速通信特性为物联网的发展创造了良好的通信条件。具体来说，IPV6 对物联网的影响，主要体现在六个方面：

第一，地址增加，丰富物联需求。IPV6 的地址长度决定了它可以不受限制地提供 IP 地址，这样，每个设备都可以直接选定地址，确保了终端与终端相连的可能性。此外，IPV6 还引入了任播地址技术，实现了数据包的快捷服务，也有效满足了物联网数据和应用的移动性需求。

第二，自动配置易于即插即用。随着互联网上各种信息资源的丰富，对即插即用和自动配置的需求日益增加。从 PS2 接口的键盘升级到 USB 接口以后，我们不用重启电脑就可以随意插拔键盘。同理，IPV4 升级到 IPV6 以后，内置地址实现了自动分配，我们无需再打开网络设置，进行繁杂的 IP 地址输入操作。只需要将网线连上，就会被自动分配一个全球惟一的 IPV6 地址，在物联网设备上真正实现了即插即用。

在未来，不仅仅是电脑，当空调、电冰箱、电视和手机都使用 IP 地址进行互联的时候，IPV6 的作用将会深刻体现。在由大规模节点组成的传感器网络中，通常一个终端需要在不同的网络间移动。传统的 IPV4 协议需要人工进行复杂的设置和转换，而基于 IPV6 协议的终端则可以进行自动配置和网络切换。

第三，提供更加高效的传输。IPV6 所传送的数据包远远超过了 64K，这就表示物联网内的各种应用可以利用最大传输单元，获得最快、最准确的数据传输。在设计上，IPV6 采用简单的报头结构，采取更加优化的分段方法，加快路由器数据包的处理速度和强度，提高转发的效率，从而从根本上解决数据吞

吐量问题。从另一方面来说，简化的 IPV6 数据封装对系统处理能力的要求降低，可以在低消耗下传输更多的数据，降低了大量传感器的能耗成本。

第四，强大的安全机制。IPSec 代表了端对端的安全防护措施，在 IPV4 中为可选项，其防护能力并不完善。而在 IPV6 协议中，IPSec 成了强制的选项之一，其内置的安全扩展组件使端到端的连接、验证以及网络之间的通信加密变得非常容易。此外，由于地址的惟一性和嵌入式安全，IPV6 能够保证数据的完整性与机密性，提供完整的访问机制，在保障终端之间的安全服务的同时，减少对网络传输速率的影响。IPV6 的这种安全机制加强了网络层对于安全的监督能力，保障了物联网通道的安全性，同时也为虚拟专用网络等安全应用提高了可操作性。

第五，满足移动应用。物联网系统除了可以在任何时间实现物物相连之外，在任何地点，甚至是在不同网络接入点切换时也能保持连接不断。IPV4 在切换网络时要进行非常复杂的设置，并且会使网络断开一段时间，而 IPV6 在移动过程中可以利用内置的自动配置转交地址，不需要任何第三方。这种机制可以使每个通信节点与移动节点直接互动，避免了配合路由过程中的额外开销，有了 IPV6 的支持，移动 IP 结构的效率大幅度提高。

当移动设备到达原本网络之外的位置时，IPV6 的自动配置功能可以获得一个漫游地址，并通过此地址和网络上的任意节点进行数据传输。这样，移动终端就可以在不中断连接的情况下，在不同的网络之间进行移动，可达性也非常好。

第六，QoS 服务加强版保证传输质量。QoS 可以看成是一种识别、标注并设置优先级的技术或机制。IPV6 可以通过流标签标注来加强 QoS 服务，并能体现实时性、优先级等质量需求。此外，根据传感器数据传输的特点，QoS 可以完美实现差异化服务，并合理分配带宽。

进入 4G 时代，接入网络的智能手机、传感终端、智能家电的数量逐渐增多，随着云计算和大数据助力物联网，未来的每一个终端都可以作为一个服务器，存储大量的数据信息，这就需要借助 IPV6 来解决拓展问题，很多国家的网络运营商都在从终端研发、网络规划和软件开发等方面推动 IPV6 与物理网系统的完全融合，利用 IPV6 提升物联网基础通信能力，借助其特点延伸物联网技术的应用能力。可以说，IPV6 的出现，对于物联网系统的完善和物联产业的发展具有很高的参考价值和积极的推动作用。

3. 无线传感网络：信息采集的保障

随着信息时代的到来，传感器技术成为了获取数据和信息的最重要方法，而无限传感网络更是成为了物联网系统的核心组成部分，它实现了信息的采集、分析和传输三大功能，与计算机技术和通信技术共称为信息技术的三大支柱。

无线传感网络的官方定义为："由大量无处不在的、具有通信与计算能力的微小传感器节点，密集布设在无人值守的监控区域而构成的能够根据环境自主完成指定任务的自治测控网络系统。"由定义可以知道，无线网络可以由大量静止或移动的传感器组成，而节点是其基本结构，整个无限传感网络由传感器节点、网关节点、传输网络和远程监控中心四个基础节点组成。

传感器节点是一个小型的嵌入式系统，它是传感网最基础的平台，由传感器模块、处理器模块、无线通信模块和能量供应模块组成。其硬件结构图如下：

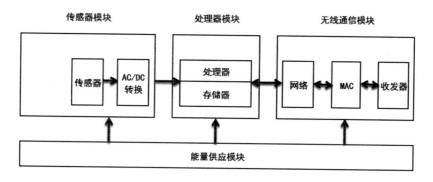

图 2-3-1 传感器节点的硬件结构

其中，传感器模块由传感器和转换器组成，负责感知被监控对象的数据信息。处理器模块包括处理器和存储器，负责存储采集信息并控制整个传感网络节点的工作。无线通信模块就像一个收发装置，负责完成节点间的通信工作。而能源供应模块就是一个小型的电池，负责各节点的能源供给。

网关节点又叫汇聚节点，就是将众多的传感器节点所监测到的数据进行汇总，再通过传输网络传送到控制服务器，是传感网与互联网的连接纽带。由于传输需要，该节点无论是处理能力、通信能力还是存储能力都较传感器节点要强。

传输网络和远程监控中心的结构较简单，传输网络负责传感器与监控服务器之间，以及传感器之间的互传信息，并建立合适的通信路径。而远程监控中心则是对无线传感器网络进行管理和配置，并发布测控任务。

无线传感网络的各个节点协同操作，不仅可以探测磁场、地震、温度、光照度、噪音、物体的各项属性，还能在航空、军事、救灾、环境保护、医疗等应用领域发挥重要作用。当然，完成这些复杂的工作还需要技术的支持，经简略划分，无线传感网络主要用到以下关键技术：

第一，定位技术。为实现秘密检测，无线传感网络系统的体积通常都很小，这导致其内部资源和能量的储存量较少。因此，无限传感网的定位技术必须具有灵活、低复杂度算法、高鲁棒性等特点，以便延长网络寿命，减少能源消耗。

第二，数据融合技术。在无线传感网络的应用中，每个传感器都能采集到大量的数据和信息，有用户需要的数据，也有不需要冗余信息。这时候，就需要数据融合技术将采集到的数据进行分析处理，整合出更加符合用户需求的高效信息。该技术优势主要体现在以下几个方面：

（1）节省能量。很多时候，相邻的两个传感器之间所采集的数据非常相近，如果将这些冗余的数据全部传输，无疑会增加传输网络的负担，损耗更多的能源，所以要依靠数据融合来清理重复的数据信息。

（2）信息获取准确。传感网络周围的环境千遍万化，传感器节点所采集的数据也未必准确，通过对某一区域的所有传感节点进行数据融合，有利于获取更加可靠的信息。

（3）能提高数据收集速度。在无线传感网络中，数据传输通道的大小使固定的，数据融合之后，体积变小，减少了传输延迟，在一定程度上提高了数据收集的效率。

第三，QoS 建设技术。QoS 在上文提到过，是一种保障网络服务质量，解决网络堵塞和延迟的一种核心技术，无线传感网络中的 QoS，会根据用户具体应用的不同，结合其网络特征完成设计。目前，QoS 技术的目标是实现带宽的最优化利用、能源使用的最低化和 QoS 的最合理控制。

第四，同步管理技术。在传统的无线网络中，主要考虑的还是时间同步，如网络时间协议（NTP）就可以解决全局时间同步的问题。在无限传感网络的应用中，时间同步也是最重要的，难点是每个传感器都有自己的本地时钟，不同节点的频率不尽相同，而且还受到温度和磁场的影响。这时候，就需要时间同步管理机制为传感网中的所有节点提供相同的时间标准，而结合无线传感网络的体积特点，时间同步设备必须要在大小、成本、能耗方面控制得相当到位。

第五，网络安全技术。无线传感网络的无线传输通道相对于有线传输通道有其局限性，那就是安全系数低，很容易意被黑客窃取数据，或进行信息篡改、恶意攻击。而无线传感网络又不能像其他网络那样设计空间复杂度大的密匙，因为其计算能力和存储能力都无法达到。所以，在设计无限传感网络的安全系统时，必须要考虑安全管理、点对点消息认证、完整性鉴别、能量有限性等问题。目前，最常用的安全系统是基于块加密和定制流加密的 RC4/6 等算法。

第六，无线通信网络技术。无线传感网络不光有其自组织性，而且是通过多个节点的多跳通信，这使得无线通信技术成为了区别于其他通信技术的全新研究领域。此外，无线通信网络的优劣在一定程度上决定了无线传感网络应用的成与败。

第七，嵌入式实时系统软件技术。无线传感器的各个节点就是嵌入式系统，同时，传感器各节点的信息采集等功能要求整个网络系统要对外部的事件进行实时反应。所以，无线传感网络节点的设计既要满足嵌入式系统的要求，又要有实时系统的特性。

4. 传感器技术：感知领域的"法宝"

传感器的官方定义为："能感受规定的被测量事物，并按照一定的规律转换成可用输出信号的器件或装置。"从定义可以得知，传感器的主要作用就是感知和采集被测量的事物，并按照一定的规则将其稳定地输出。传感器的构成有很多种，没有明确的结构标准，一般情况下，传感器由两部分组成，分别是预变换器和变换器，有的时候也称为敏感元件和变换元件。结构图如下：

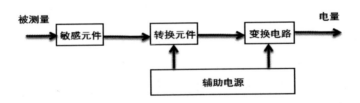

图 2-4-1 传感器结构图

传感器可以完成数据从非电量（即非电气量，如温度、压力、速度、位移、应变、流量、液位等）向电量的转换，但并非所有的非电量都可以采用技术手段直接转变为电量，有的必须要进行预变换，就是将等待测量的非电量先转化为容易变为电量的另一种非电量，而这项工作需要依靠预变换器，即敏感元件，敏感元件能直接感知被测量失误、并输出转换后的中间变量。

变换元件包括转换元件和变换电路，是传感器的核心部件，它可以将敏感元件输出的非电量直接转换成电量，所以又称为变换器。例如，变换器可以把位移量转化为电阻，把温度转化为基于电势能的热电偶变换器。

传感器必须包含这些基本结构，但并不排斥其他功能或组件——可以是内置电源的系统，也可以是无源的网络；可以是存在反馈机制的闭环系统，也可以做成开环。所以，其组成可简单也可复杂，分类方法也有很多种。按照输入被测量，可以分为机械量、热工量、热性参量和状态参量；按信号变换特征，可分为结构型和物性型；按照能量关系，可分为能力转换型和能量控制型；按工作原理，可分为电学式传感器、磁学式传感器、光电式传感器、电势型传感器、电荷传感器、半导体传感器、谐振式传感器和电化学式传感器。

传感器的内部构造和附加功能虽然不尽相同，但每个传感器有两个基本的特性，分别为静态特性和动态特性。

第一，静态特性。当被测量的事物处于一个稳定状态时，传感器输入值和输出值之间的关系曲线图或数学表达式被称为传感器的静态特性。需要注意的是，定义中的稳定状态并不代表静止状态，而是指事物不随时间变化的一种暂时稳定的状态。例如，某物体的电流、温度在一定时间内不发生变化，我们就说它在这个时间段内达到了稳定状态。而采用试验方法确定传感器静态特性的过程就称为静态校准，在使用了标准的仪器进行校准后，所得到的校准曲线就被看成该传感器的实际特性，主要包括以下几个方面：

（1）线性度。人们为了标注、处理数据更加方便，希望传感器的输入和输出呈线性关系，并能正确反应被测量物的实际数值，也就是真值。但实际上，这种情况是不会出现的。我们假定传感器没有任何迟滞和蠕变现象，则其静态特性可用方程式表示为：

$$Y=a0+a1x+a2xn+\cdots\cdots+anxn$$

其中，x 表示输出量，y 表示输入量，a0 表示零位输出，a1 表示传感器的灵敏度，而 a2~an 则表示非线性项的待定常数。该多项式有四个曲线图，代表了四种可能出现的情况：

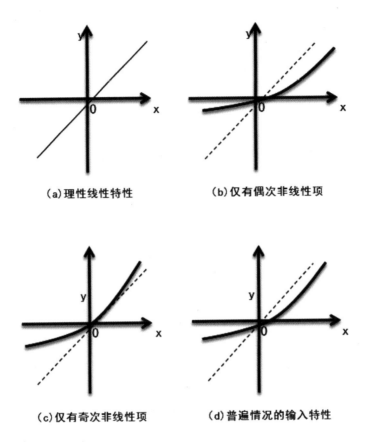

图 2-4-2 传感器静态特性的四种情况

从左到右，第一种为理想曲线，其输出公式非常简单，就是多元一次方程：$y=a_1x$，而传感器的灵敏度则可以表示为：$a_1=y/x=k=$ 常数。第二种和第三种情况就必须采用多元多次方程，分别表示为：$y=a_1x+a_3x_3+a_5x_5+\cdots\cdots$和$y=a_1x+a_2x_2+a_4x_4+\cdots\cdots$最后一种是普遍情况，包含了各种不确定性，其方程式就是上面提到过的 $Y=a_0+a_1x+a_2x_n+\cdots\cdots+a_nx_n$。

（2）重复性。重复性的官方定义为："传感器在相同的工作条件下，被测输入量按同一方向做全程连续多次重复测量时，所得输出值（校准曲线）的一致程度。"它反映了传感器的精确度，计算公式为：$\Sigma R=\lambda S/YF_oR_o=100\%$。公式中的 YF_oR_o 表示理论满量程输出值，计算公式为：$YF_oR_o=|(x_m-x_1)\times k|$。

其中，x1 表示测量下限的输入值，xm 对应于测量上限的输入值，而 k 则表示理论特性直线的斜率。

（3）迟滞性。迟滞的官方定义为："传感器在正（输入量增大）、反（输入量减小）行程期间，输入、输出曲线不重合的程度。"迟滞是传感器的一项重要性能指标，迟滞越小的传感器性能越高。当然，迟滞不可能为零，因为机器内部的轴承之间的灰尘、摩擦以及元件的老化、磨损等都是导致迟滞现象的原因，而这些因素是不可能完全避免的。迟滞的大小可以通过试验获得，计算方法就是用输出值在正、反行程间的最大差值除以理论满量程输出值，然后乘以 100%。

（4）精度。所谓"精度"，就是反映系统误差和随机误差的综合误差指标，对于不同的环境和不同的传感器，精度的指标要求也不一样。对于数字化温度传感器，精度一般指传感器读回数据与绝对温度的差值，而对于模拟量温度传感器，则又是另一种计算方法。但一个传感器设计完成后，人们一般会用工业上的仪表定义其精度，这时候是用测量范围中最大的绝对误差来测量，被称为百分误差。例如，某个温度传感器的刻度为 0~100 度，那么在这个测量范围内，其百分误差为 0.5/100=0.5%。

（5）灵敏度。灵敏度就是传感器输出量增量与被测输入量增量之比，计算公式为：$k=\Delta y/\Delta x$。在某些特殊情况下，灵敏度计算还要涉及到单位电源的问题。

（6）阈值和分辨力。所谓"阈值"，就是能够测量输出变化的输入最小值。通俗点讲就是，传感器启动后，其输入值从 0 慢慢增加，只有到达一定的最小数值后才能测量输出变化。而这个最小数值就是阈值。分辨力是指传感器的输入从某个的非零值缓慢增加时，增量超过某个数值，输出才能显示出变化，这个增量就是传感器的分辨力。

（7）时间漂移、零点和灵敏度温度漂移。漂移是指传感器中的干扰信号被放大后产生的数值偏差，是衡量传感器稳定性的重要指标，过大的漂移很容易使整个传感系统瘫痪。目前，对于漂移量的计算并没有统一的标准，一般是按照工作环境和传感器自身情况进行单独分析。

第二，动态特性。动态特性与静态特性是相对的，就是指当被测量随着时间发生变化时，传感器的输入值和输出值之间的曲线图或数学表达式。传感器的动态指标非常重要，其是测量压力、振动或温度变化时，其作用最为明显。幅频动态特性曲线如下：

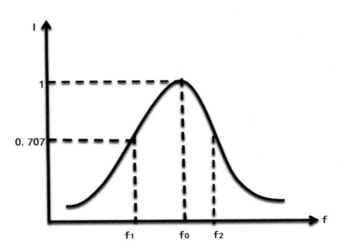

图 2-4-3 传感器的符频动态特征曲线

如图所示，横轴为被测信号的频率，纵轴表示被测信号本身。当被测试信号变化的频率小于 f1 时，该传感器的输出不受被测信号的影响；当被测信号的变化频率在 f0 时，该传感器的输出根据被测信号的变化而变化；当被测信号的变化频率在 f2 时，该传感器的被测试信号大于输出信号，这时候的误差已经相当大，所以一定要时刻关注传感器的动态特性。其性能指标分为时域和频域两种：

（1）时域指标。时域指标由在阶跃函数作用下测定的传感器动态性能而获得。专家们认为，阶跃输入对一个传感器来说非常重要，在阶跃函数的影响下，传感器如果能满足其动态性能指标，那么它就可以应对其他任何函数。每一件传感器在出厂时都会标明它的时域指标，例如，压力传感器的时域指标就是用激波管和记录仪作为标定设备。

（2）频域性能指标。频域指标由在正弦函数作用下测定传感器的动态性能而获取。在标定压力传感器中，常用正弦压力信号发生器标示。其频域的指标一般为通频带、工作频带和相位误差。

5. WiFi：结构复杂的无线网络

在日常生活中，WiFi 是我们最熟悉的东西，出门在外，上网设备不方便携带，连接 WiFi 就是实现免费上网的惟一方法。WiFi 是美国电气和电子工程师协会（IEEE）定义的一种无线网络通信标准，又称为 802.11b，它使用直接序列扩频调制技术，最高传输速度可达到 54Mbps，也就是说，WiFi 一秒钟可以传输的数据量为：54Mbps/8=6.7MB/S。

WiFi 由无线访问节点（AP）和无线网卡组成，无限访问节点是无限局域网和有线局域网之间的枢纽或桥梁，可以看作一个内置无限发射器的路由或集线器。而无线网卡则是负责接收无线访问节点发射信号的客户端设备，所以任何一台装有无线网卡的设备，如手机、PC 或者联网主机，都可以通过无线访问节点获取广域网的各种资源。WiFi 实现了设备与设备之间的无线互联，是物联网系统的核心技术之一。

WiFi 相对于其他网络技术有其突出的优势：一是覆盖范围广，WiFi 可对周围 100 迷左右的区域全方位覆盖，而同样可以全方位覆盖的蓝牙信号范围却不足 10 米；二是传输速度快，可以达到 6.7MB/S，用 WiFi 传输一部 1G 容量的高清电影的速度理论上只需用 2.5 分钟；三是无需布线，方便人们随时随地地办公和娱乐，而且在餐厅、图书馆、地铁站、公交车等人员密集的地点设置"热点"，用户只需把支持无线网络的手机或笔记本电脑拿到该区域，就可以被告诉接入互联网；四是对身体无害，众所周知，具有太大发射功率的网络设

备会对人体产生一定的危害，如发射功率为 5W 的手持对讲机或 1W 的手机，而 WiFi 的发射功率不会超过 100mW。

WiFi 的 IEEE802.11 标准定义了访问控制层和物理层，物理层工作在 2.5GHz 的 ISM 频段上，下表是 802.11 标准的各种分层：

标准 属性	IEEE802.11b	IEEE802.11g	IEEE802.11a
工作频段 /GHz	2.4	2.4、5	5
数据速率	1、2、5.5、11	1、2、5.5、11、6、12、24	6、12、24、36、54
覆盖范围 / 米	150~300	50~150	30

表 2-5-1 WiFi802.11 标准的各种分层

在 802.11 的物理层，定义了在 2.4~2.485GHz 的无线电波，其中 2.485GHz 频段采用了两种扩频技术：FHSS 和 DSSS。FHSS 是工作在 2.4GHz 的跳频模式，使用了 70 个工作节点，用频移键控（利用载波的频率变化来传递数字信息）调制，通信速率为 4M/s。而基于 IEEE802.11b 标准的 WiFi 则采用了加强版的 DSSS 扩频技术，可以根据外部环境的变化，在 1Mbps、2Mbps、5Mbps 和 11Mbps 之间自由切换。

由 WiFi 技术组建的无线局域网由五部分组成，分别为端站、接入控制器、接入点、网元管理单元以及 AAA 服务器。其中，AAA 服务器是提供服务的实体硬件，该服务器支持 RADIUS 协议，而 Portal 服务器是门户网站的推送硬件，辅助完成 Web 认证功能。其结构图如下：

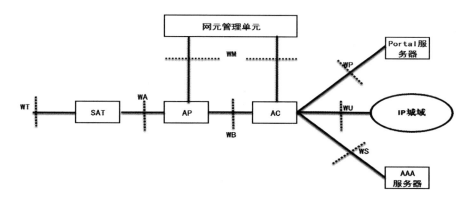

图 2-5-1 无线局域网的结构图

无线局域网的拓扑结构可以归纳为两类，一种是有中心网络，一种无中心网络。无中心网络的架构最为简单，又称为"无 AP 网络"或"对等网络"，它由一组配有无线网卡的计算机组成了一个独立的工作集合。这些位于客户端的计算机有相同的工作组名称、密码，网络中的任意终端可以互相通信。

有中心网络也叫结构化网络，它由多个无限 AP 以及若干个无线客户端组成。在该网络中，一个无线 AP 加上与其相关联的客户端就成为一个基本服务集，多个基本服务集则可以构成一个扩展服务集。有中心网络使用无限 AP 作为中心节点，所以，在网络工作量增加时，网络的延迟和吞吐性能不会受到明显的影响，其网络布局受环境的限制也不大。但该网络结构的缺点也很明显，就是抗毁性差，只要中心节点出现问题，整个网络就会陷入瘫痪。

由于 WiFi 的频段在全球内无需任何网络运行商的免费频段，为人们提供了一个费用低廉、数据传输快的无线接口，用户可以在 WiFi 覆盖范围内进行快速网上冲浪，随时随地进行语音视频聊天，而其他基于该技术的如游戏、流媒体等功能，更是值得期待。

随着 4G 时代的来临，越来越多的网络运营商开始把目光投向 WiFi 技术，其带宽高、覆盖小的特点正好和 4G 覆盖高、带宽低的特点互补。

6. 物联网两大应用"神技"

在物联网的应用技术中，我们只知道云计算和大数据，却不知道云计算的前身是并行运算，而处理大数据的主要方法是数据挖掘。其实，这两样"神技"是物联网应用领域的核心与支柱。

第一，并行运算。

并行运算又称为平行运算，顾名思义，此种运算一次可以处理多个工作指令，是相对于串行运算而提出的，目的是提高运算速度，解决大型的计算难题。此外，并行运算也是物联网建设必不可少的应用技术，为物联网内部大数据的处理提供了有力的技术支持。并行运算分为两种，一是时间上的并行，如流水线技术；二是空间上的并行，如多个 CPU 同时进行同一运算任务。

并行运算的原理就是将问题分成若干个部分，每一部分都由一个独立的 CPU 处理，进行并行运算的系统可以是专门设计的多 CPU 超级计算机，也可以是采取某种连接方式，由若干台计算机组成的集群。时间上的并行运算多应用于工厂的设备，例如，肉类加工车间对肉类的处理步骤一般包括清洗、消毒、切割和封装。如果只有串行运算，那么，一个食品完成上述步骤后，才会对另一个食品进行处理，既浪费资源也耗费时间，而采取并行运算的设备就可以同时对每一个食品进行上述步骤，大大提高了计算性能。

空间并行运算多用在重复任务量巨大的领域，例如，某人被要求种三棵树，如果只是他一个人工作，就需要 6 小时才能完成，如果他叫来两个帮手同时工作，则 2 小时就能完成任务。空间并行就是将一个大任务拆成几个小任务。当然，依靠处理器进行并行运算并没有想象的那么简单，需要用到五类并行机：分布式共享存储处理机、工作站机群、大规模并行处理机、对称多处理机和并行向量处理机。

值得一提的是，并行计算追求的是高速的计算能力，这依托于昂贵的服务器，一般情况下，一台领先于世界的高端计算机如果三年内得不到有效利用，它并行运算能力就会落伍。而且并行运算的操作相当复杂，非科研人士很难搞清楚里面的指令，所以，并行运算只用来满足科学领域的需要，而其衍生物云计算却成为了普及度非常高的技术，适用于很多领域，也无需考虑服务器的成本。可以这么说，并行运算就像是一台没有联网的高性能电脑，而云计算就是一台联网的普通性能电脑，两者互补不足。

第二，数据挖掘。

数据挖掘又称为数据采矿，一般是指从海量的数据中通过一定的算法搜索出隐藏的重要信息的过程。数据挖掘和计算科学密不可分，并通过统计学、规则识别、专家系统、电脑学习、情报检索和在线分析处理等多种技术实现其目标。数据挖掘的分析方法有六种，分别为分类、估计、预测、相关性分组、聚类和复杂数据类型挖掘，其系统原型如下图：

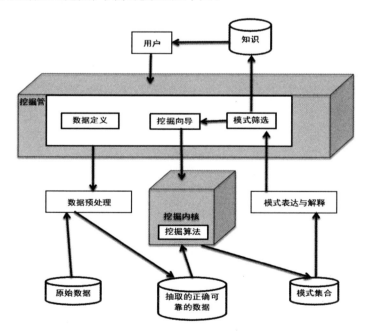

图 2-6-1 数据挖掘的系统原型

数据挖掘一般采用关联规则法，第一阶段就是从所有的数据集合中找出所有高频的项目组，第二阶段则是由这些高频项目组生出关联规则。所谓"高频"，就是指出现的频率相对于整体记录较多的一组数据，而一个项目出现的频率又称为支持度。例如，有一个包含 a 与 b 两个项目的项目组，我们可以由一个公式得到 a、b 项目的支持度，若这个项目组的支持度大于预定标准，则 a、b 为高频项目组，又称为高频 K- 项目组。在第二阶段，利用算法为高频 K- 项目组产生规则，若这一规则所得到的支持度达到了最小支持度，则称此规则为关联规则。

沃尔玛超市曾经做过一次关联数据挖掘，并预设最小支持度为 5%，最小信赖度为 70%。在挖掘过程中，超市的工作人员发现尿布和啤酒两类商品符合预设的关联规则，也就是说，尿布、啤酒项目组的支持度大于等于 5%，信赖度大于等于 70%。于是可以得出结论，有 5% 的交易显示尿布与啤酒被同时购买，而在所有包含尿布的交易中，有 70% 的交易也包括了买啤酒。这个结论暗示超市工作人员，如果超市中有人购买尿布，就可以同时给他推荐啤酒。这就是数据挖掘的价值所在。

第三章

物联网体系的搭建：

怎样建设标准体系物联网？

　　人类要构造一个万物相连的世界，首先应该搭建一个标准的物联网体系。作为世界信息产业的重要组成部分，物联网体系的标准化是目前技术领域亟待解决的问题，没有一个统一的世界标准，物联网体系的搭建将无法高效、有序地进行。中国物品编码中心主任张成海说："标准化既是社会生产与技术发展的产物，又是推动生产与技术发展的重要手段。"由此可见，搭建标准化物联网体系将成为推动世界物联网技术不断发展的动力。目前，国际上的许多物联网标准化机构都开始对标准物联网体系展开了研究，现阶段，人们在物联网体系标准化方面的研究已经取得了一些有效成果，但如果人们要真正实现物联网体系的标准化，制定物联网标准体系框架便势在必行。

　　那么，通过怎样的方法才能实现完美制定物联网的标准体系框架呢？事实上，要搭建标准体系物联网，首先要先了解物联网体系的组成，包括物联网的 UID 技术体系结构、物联网的 USN 体系结构、物联网的 EPC 体系结构等。同时也要了解物联网体系硬件平台的搭建，在认识了物联网体系的有关体系组成和有关体系、结构的搭建之后，再通过相关技术和体系标准予以搭建，才能够使整个物联网体系更趋于标准化和国际化。

1. 物联网的体系组成

具体来说，物联网的体系自下而上可以分成五个层级，分别是感知层、接入层、网络层、服务管理层以及应用层。

（1）感知层

感知层是物联网的初始层级，也是数据的基础来源。这一层级的基础元件是传感器，人们将各种各样的传感器装在不同的物品和设备上，使之感知这些物质的属性，判断它们的材质是属于金属、塑料、皮革还是矿石等。同时，这些异常敏感的传感器还能对物品所处的内在环境状态和外在环境状态进行数据采集，比如采集环境的空气湿度、温度、污染度等信息。另外，这些传感器还能对物质的行为状态跟踪监控，观察它们是静态的，还是动态的，并将这些信息全部以电信号的形式存储起来。实现物物信息相连的庞大物联网，就需要这些传感器的分布密集度更高、覆盖范围更广以及更加灵敏和高效。这样，传感器对物质信息获取的规模才能更大，对物质状态的辨识度才能更加精密，当网络形成后，其数据流才更具参考价值。

一般来说，对于不同的感知任务，传感器会根据具体情况协同作战。比如要获取一台机器设备的内部工作动态视频，就需要感光传感器、声音传感器、压力传感器等协同工作，形成一幅有声音、有画面、有动感的机械内部工作动态视频。感知层的传感器能全方位、多角度地获取数据信息，为物联网提供充足的数据资源，从而实现各种物质信息的在线计算和统一控制。另外，传感器不仅可以通过无线传输，还可以利用线传输接入设备，人们利用传感器传输到设备中的信息可以与网络资源进行交互和共享。

（2）接入层

接入层的作用是连接传感器和互联网，而这种连接的过程需要借助较多的网络基础设施才能实现。例如，人们可以利用移动通信网中的 GSM 网和 TD-SCDMA 网来实现感知层向互联网的信息传输，也可以利用无线接入网（WiMAX）和无线局域网（WiFi）来实现感知层向互联网的信息传输。另外，通过卫星网进行信息传输也是一种可行方案。

（3）网络层

网络层指的其实就是互联网，建立互联网需要利用两种 IP，分别是 IPv6/IPv4 和后 IP（Post-IP）。网络层将网络信息进行整合，形成一个庞大的信息智能网络，这样就构成了一个高效、互动的基础设施平台。

（4）服务管理层

服务管理层的主体是中心计算机群，该计算机群拥有超级计算能力，可以对互联网中的信息进行统一管理和控制。同时，这一层级还能够为上一层级提供用户接口，保证应用层级的有效运行。

（5）应用层

应用层是物联网体系的最终层级，用于承接服务管理层级以及构建应用体系，如果将服务管理层比作一个商品开发中心，那么应用层就是商品的应用中心。应用层级将面向社会中的各行各业，为它们构建物联网产品的实际应用。物联网产品可以应用于多个领域，如交通运输、远程医疗、安全防护、文物保护、自然灾害监控等。

由于传感器网络技术相对复杂，目前，国内外的有关机构和大型科技企业在该技术领域的研发还不成熟，物联网的发展尚处于初级阶段。现阶段，世界上各个国家的主要研究方向是传感网的核心技术。与此同时，关于物联网的其他技术也在进一步推进和展开，其中包括射频识别技术、传感器融合技术、智能芯片设计技术等。此外，将后 IP 网络和感知层网络更合理地整合、完善，一直是各大科研机构努力的方向。物联网在服务管理层的数据如何拓展、如何探寻物联网新的商业模式，如何以点带面，开发典型物联网应用，并让其成为推动整个物联网行业的典型案例，带动整个物联网行业稳定有序地向更高层次迈进，这些都是现阶段科学家以及各大科技巨头正在努力探索的问题。而在这之前，在各个领域、各个层面、各个系统开展物联网相关标准的制定是重中之重。

2. 物联网的 UID 技术体系结构

从传统意义上说，物联网的 UID 技术指的是应答器技术。应答器其实就是物联网的一种电子模块，它有两个主要功能，一是传输信息，二是回复信息。经过多年的发展，应答器具备了新的定义和含义，现在人们称其为电子标签或智能标签，而应答器的这种改变与物联网领域其他技术的发展有关，其中，射频技术的发展对应答器的影响最大。

在世界范围内，电子标签发展水平最高的国家当属日本。日本对电子标签的研究较早，可以追溯到 20 世纪 80 年代。当时，日本最早提出了实时嵌入式系统，也就是物联网领域常说的 TRON，其核心体系是 T-Engine。2003 年 3 月，日本东京大学在日本政府和 T-Engine 论坛的支持下成立了 UID 中心，该中心不仅受到了日本国内大型企业的关注，同时也受到了国际大企业的关注。面对物联网的大势所趋，国内外的科技大企业也纷纷加入 UID 中心，东京大学 UID 中心刚成立不久，其支持企业就多达 20 多家，其中包括索尼、三菱、微软、夏普、东芝、日电、J-Phone、日立等。UID 中心的成立对发展物联网来说具有重要意义，日本方面之所以大力组建 UID 中心，各国企业之所以支持组建 UID 中心，是因为组建 UID 中心具有两个重要作用：第一是建立自动识别"物品"的基础技术，不断完善物联网的初期物理设施，实现传感器的全面覆盖；第二是普及 UID 的相关知识，培养用于物联网体系构建的优秀应用性人才。在这两个作用的推动下，日本正在努力建立一种全面实现物联网的理想环境，一旦建成，万事万物都能在网络"云脑"的计算之中。

作为一种比较开放的技术体系，UID 主要由以下几种硬件构成：信息系统服务器、泛在通信器（UG）、uCode 解析服务器以及泛在识别码（uCode）。泛在识别码用于标识现实中的各种物品和不同场所，相当于一种电子标签。UID 与 PDA 终端很像，它可以利用泛在识别码的这种标识功能来获取物品的状态信息，当这种数据信息足够充足，UID 便可以对物品进行控制和管理。

UID 的应用领域很广泛，从某种意义上来说，它就像一根连接现实和虚拟的线，现实世界中能利用泛在识别码标识的物品，它都能对其进行辨识和连接。这种连接是虚拟和现实的连接，UID 的一端是已标识的各种物品，另一端则是虚拟互联网。利用 UID 就可以将物品的状态信息与虚拟互联网中的相关信息紧密相连，构建物物相连的网络体系。

一般来说，物联网的 UID 技术体系结构包括以下技术：

（1）嵌入式技术

嵌入式技术多应用于掌上终端设备，诸如智能手机、平板电脑之类。这类设备的功能日渐强大，而体型却逐渐趋于小巧。常用的嵌入式系统有 Linux、Andriod 等。而在控制器的选择上多倾向于 Cotex、ARM 以及 DSP 等。

（2）RFID 技术

RFID 技术，即射频识别技术。该技术操作方便，且效率很高，它可以在同一时间对多个电子标签进行识别，既可以识别静止状态下的物体，又可以识别高速运动状态下的物体。并且，RFID 技术可以在多种恶劣环境下稳定工作，很少受到温度、湿度以及雨雪等恶劣天气的影响。RFID 射频识别不受人力干预，是一种无线自动识别技术。在没有任何接触的情况下，人们可以利用 RFID 技术，通过射频信号自动识别已标识的各种物品，并对这些物品采集相关的数据信息。

RFID 电子电梯合格证的阅读器又名读写器，这种阅读器可以连接信号塔和 RFID 的电子标签，实现无线通讯。顾名思义，阅读器是一种用来读出和写入数据的电子单元，利用阅读器既可以实现对标签识别码的读出和写入操作，又可以实现无线网络内存数据的读出和写入工作。阅读器被应用于 RFID 技术的多个方面，其主要结构包括高频模块（发送器和接收器）、阅读器天线以及控制单元。

在无线系统中，RFID 的结构较为简单，只包含两种基本器件：第一种是询问器，又称阅读器，每个 RFID 中一般只有一个询问器；第二种是应答器，又称电子标签，一般情况下，每个 RFID 中会有多个应答器。射频识别系统的作用主要有三个，第一是测物体，第二是踪物体，第三是控制物体。

作为一种突破性的技术，RFID 技术在 UID 技术中的地位十分重要。

科学家弗格森对 RFID 技术曾经做过总结性的阐述，他认为，RFID 技术至少具有三个重要性优点：第一，与条形码相比，RFID 技术的功能更具广泛性，因为条形码一般只能识别一类物体，而人们通过 RFID 技术却能识别一个具体的物体，比如人们将一种条形码规定为树的标识，那么当人们利用这种条形码无论标识哪种树木，都只会显示树的信息；而利用 RFID 技术却能识别出标识的树木是桃树、杨树还是槐树；第二，与条形码相比，RFID 技术接收信号更方便，因为利用条形码识别一类物体，需要利用激光对条形码进行扫描读取，而 RFID 技术却可以不受这种限制，它可以利用无线电射频透过物体的外部材料，获取物体的内部信息；第三，与条形码相比，RFID 技术的效率更高，这是因为，一个条形码代表一条信息，人们如果想获取多种信息，就要利用激光扫描仪对条形码一个一个读取，而 RFID 技术则可以同时作用于多个物体，并在同一时间对它们进行信息读取。

（3）无线技术

无线技术让物联网的 UID 技术拥有了更加广阔的应用空间。目前，无线技术主要包括两个方面，一个是无线通信技术，一个是无线充电技术，利用这两种技术，人们可以将自己的感知无限延伸。随着技术的发展，无线技术的瓶颈被打破，宽带的速度变得越来越快，无线网的覆盖范围越来越广，信号变得越来越稳定，无线基础设施变得越来越可靠。这些变化将使无线技术的作用不断加大，甚至成为人类赖以生存的核心技术。

（4）信息融合集成技术

一个集体的任务，需要每一个集体成员共同协作才能完成。同样，要实现多种信息的融合和利用，也需要多种技术的衔接和配合。比如录制一段视频，就需要视觉传感器、听觉传感器等同时配合才能完成。多种技术的衔接和配合可以使信息的采集更高效、更丰富、更有质量。

（5）数据挖掘技术

以视频图像为例。很多视频资料所占的空间较大，需要更高规格的压缩存储技术才能合理存储。另外，利用特征识别和快速检索等技术，可以快速查找相关数据，极大地提高数据的检索效率和利用效率。当黑客入侵重要数据时，利用数据定位预警技术可以防止信息的泄露，避免不必要的损失。

3. 如何构建物联网的 EPC 体系结构

互联网的发展加快了全球经济一体化进程，而物联网的发展将加快信息网络化进程。2003 年 9 月，美国成立了一个科研组织 EPC Global，该科研组织成立的目的主要是对物联网领域进行探索和研究。据美国统一代码协会的负责人介绍，EPC Global 是一个非盈利性组织："我们将联合国际物品编码协会（EAN）引入 EPC 概念，让该概念与 GTIN 编码体系相互融合，打造更加完美的全球统一标识系统。"

美国麻省理工学院在物联网领域提出了一个全新的识别概念，这个概念被该学院的相关部门——自动识别实验室（Auto-ID）称为 Electronic Product Code，简称 EPC，中文名称为"电子产品代码"。电子产品代码就像是人的身份证一样，是每一个物品的身份标志。世界上每一个物品都可以配上一个固定的电子产品代码，也就是说，世界上每一个物品都可以拥有一个惟一的 EPC 作为自己的身份证，便于相关的物联网设备对其进行识别。构建电子产品代码（EPC）网络，可以将物与物进行连接，使每一个物品不再是一个孤单的个体，而是形成一个通过网络连接、彼此相关、彼此联系的物联网整体。这种物联网建成后，利用 EPC 网络既就可以传输数据、存储数据，还可以通过信息管理系统，对利用射频识别技术所采集来的数据信息进行统一的分析、管理以及决策。

美国麻省理工学院提出，他们要构建一个超级系统，这个超级系统可以覆盖世界上的所有物体，形成一个万物紧密相连的网络。这种设想中的关联世界万物的网络，其实就是我们经常提到的物联网。这个关联和覆盖世界万物的系统需要建立在一定的基础之上，而计算机互联网就是这个基础的最佳之选，另外，射频识别技术（RFID）以及无线通信技术则是实现构建这种系统的核心技术。在美国统一代码协会（UCC）的支持下，世界上每一个物品都将拥有一个 EPC，每一个物品都将拥有自己的标识，每一个物品都能被高效识别。EPC 网络将很快被普及，在不久的将来，这种关联万物的网络系统将最终被建成，届时，人们将能够真正步入物联网时代。

美国麻省理工学院与美国统一代码协会共同建立的非盈利性组织 EPC Global 对物联网的定义十分简单，该组织认为，物联网是一个具备三种先进系统的覆盖并关联世界万物的超级网络系统。这三种先进系统分别为 EPC 编码体系、射频识别系统、信息网络系统。

（1）EPC 编码体系

我们知道，要真正实现物联网，就要为世界上每一件物品都制定一个统一的编码，但是，为世界上每一件物品都制定一个独一无二的电子编码显然是一件很难完成的事。所以，绝对意义上的物联网并不存在，相应地，人类需要退而求其次，既然不能编码全球的每一件物品，那我们不妨去编码全球每一件由人类生产出的物品。也就是说，如果全世界范围内有任何一个地方生产出了某件物品，就要在第一时间为该物品打上电子标签。为该物品打上电子标签，就相当让该物体终身携带一个全球惟一的电子产品代码 EPC，电子产品代码标识了该物品，成为该物品的基本识别信息，有助于该物品被射频识别系统快速识别。比如，我们可以这样标识一个被生产的新物品，即"A 公司于 B 时间在 C 地点生产的 D 类产品的第 E 件"。EPC 编码体系，按国际标准称为 Electronic Product Code，是欧美大力支持的电子编码体系，同时，世界上还有另外一种比较权威的电子编码体系，即由日本大力支持的 UID 编码，该编码的英文名称为 Ubiquitous Identification。

（2）射频识别系统

EPC 标签和读写器是射频识别系统的主要组成部分，就像每一个汽车都有一个车牌一样，每一个 EPC 标签也都有一个惟一的牌照。这个牌照是一种惟一的号码，被打印在 EPC 标签上，也就是说，编号的载体是 EPC 标签。EPC 标签既可以被贴在物品的表面，又可以通过特殊装置打入物品的里面，内嵌在物体中。一旦一个物品被打入了 EPC 标签，该物品就拥有了惟一的电子产品代码，物品和电子产品代码之间是一种映射关系，并且这种关系具有惟一性，属于一对一的关系。所谓的"EPC 标签"，其实就是一个电子标签，而射频识别系统的另一个重要组成部分与 EPC 标签有着千丝万缕的联系。EPC 标签所储存的信息，即产品电子代码可以被 RFID 读写器读取。当 RFID 读写器读取了物品信息后，物联网中间件便可以发挥作用，即接收 RFID 读写器读取的信息，之后经由物联网中间件分层处理，最后分布式数据库将作为处理信息后的相关数据的存储库。

如果用户想查询物品信息，只需在搜索栏中输入产品电子代码等相关数据，便能获悉物品的供应状态。

（3）EPC 信息网络系统

EPC 信息网络系统由以下部分组成：发现服务、EPC 中间件以及 EPC 信息服务。

① EPC 中间件（EPC Middleware）

EPC 中间件像一个纽带，它既可以是一个接口，又可以是一个平台，相对于信息系统和 RFID 读写器之间的"脐带"。前端是 RFID 读写器，后端是应用系统，通过 EPC 中间件的连接，前端后端便可以自由捕获并交互信息。这些被捕获和被交互的信息除了可以传送给 RFID 读写器，也能传给 ERP 系统、后端应用数据库软件系统等后端系统。

② 发现服务（Discovery Service）

发现服务由两种主要服务类型构成，即配套服务和对象名解析服务（Object Name Service，简称 ONS）。它的主要作用是获取 EPC 数据访问通道的信息，而要获取这些信息需要用到电子产品代码。现阶段，美国 Verisign 公司受非营利组织 EPC Global 委托，正在对发现服务系统进行运作和维持，其目的是支持 ONS 系统。

③ EPC 信息服务（EPC Information Service，简称 EPC IS）

该信息服务又被称为软件支持系统，EPC 信息软件支持系统的接口还没有一个严格的标准，其主要作用是在物联网上实现用户对 EPC 信息的交互。

EPC 物联网体系架构主要由六个部分构成，由下到上分别是 EPC 编码、EPC 标签、RFID 读写器、中间件系统、ONS 服务器以及 EPC IS 服务器。由此可见，物联网应用系统主要由 RFID 识别系统、中间件系统和计算机互联网系统构成。RFID 识别系统的主要构件是 EPC 标签、RFID 读写器，EPC 标签被固定在每一个物品上，与 RFID 读写器通过无线连接。中间件系统的主要构件有 ONS、PML、EPC IS 和缓存系统。RFID 识别系统和中间件系统的相关构件都是由计算机互联网系统进行连接，能够及时有效地对信息数据进行追踪、接收、增减、修改。

物联网的构架建立在互联网之上，主要过程是：首先在 EPC 标签上编制电子产品代码，再将 EPC 标签固定在物品上，然后通过 RFID 读写器识别 EPC 标签，并读取电子产品代码，将信息传送给中间件系统。如果中间件系统能进行处理，则将处理后的信息传送到更高层级；如果中间件系统在短时间内处理不了（可能由于读取的数据量较大），ONS 就会发挥作用，存储一部分读取数据。EPC 数据是中间件系统信息的主要组成部分，在本地 ONS 服务器的帮助下，中间件系统可以获取 EPC 信息服务器的网络地址。如果获取网络地址失败，中间件系统会向远程 ONS 发送请求，先获取物品的名称信息，再获取相关服务。

4. 物联网的 USN 体系结构

随着物联网的不断发展，物联网的 USN 体系结构渐渐得到了权威部门和机构的规范，这将为物联网未来的发展提供行业标准。2008 年 2 月，ITU-T 发布了第四期技术简报《Ubiquitous Sensor Networks》，在该权威报刊上，专家学者们对泛在传感器网络的体系结构进行了规范。该规范标准规定，从低级到高级的泛在传感器网络体系结构是：传感器网络、接入网络、基础骨干网络、中间件、应用平台。

泛在传感器网络体系其实就是传统的 USN 物联网体系结构，泛在传感器网络的概念与如今的物联网概念相近，与传统传感器网络的概念有较大区别。

2009 年 9 月，我国信息技术标准化委员会为传感器网络做了定义，即"以物理世界的数据采集和信息处理为主要任务，以网络为信息传递载体，实现物与物、物与人之间的信息交互，提供信息服务的智能信息系统。"该定义其实是对物联网概念的相关阐述。

工业和信息化部门与江苏省政府的《关于支持无锡建设国家传感网创新示范区（国家传感信息中心）情况的报告》，也对传感器网络做了相关定义，该定义为："以感知为目的，实现人与人、人与物、物与物全面互联的网络。其突出特性是通过传感器等方式获取物理世界的各种信息，结合互联网、移动通信网等进行信息的传送与交互，采用智能计算技术对信息进行分析处理，从而提升对物质世界的感知能力，实现智能化的决策与控制。"同样，该定义也与物联网的概念几乎相同。由此可见，从某种意义上来说，传感器网、互联网、移动通讯网以某种方式结合后，便可实现我们梦寐以求的人与人、人与物、物与物全面互联的网络。

目前，我国的权威科研机构以传统的五层物联网体系结构为基础，通过不断的实践总结和产品创新，将物理网的体系结构浓缩成四层体系结构。与传统的五层物联网体系结构相比，四层物联网体系结构更加精简，它的不同在于：第一，增加了底层传感器网络的基础成员，如一维码、二维码、射频识别技术（RFID）以及 GPS 系统等，通过增加这些感知和识别技术，扩大了底层传感器网络的概念；第二，合并了五层物联网体系结构中的第二层和第三层，也就是将接入网络和基础骨干网相结合，共称为数据传输层；第三，将物联网中间件对应称为服务管理层，将应用平台对应称为应用层。于是，最新的物联网 USN 体系结构是：感知层、传输层、服务管理层、应用层。

这四层物联网体系结构都拥有强大的功能，简单介绍为：

（1）感知层

感知层的主要功能是感知世界上的任何物品，并向更高层反馈物品的相关信息。感知层具有两个重要节点，分别是基站节点（Base-station）和汇聚节点（Sink）。该层最核心的设备是信息感知设备以及信息采集设备，包括一维码、二维码、射频识别标签等标识设备，也包括读写器、摄像头、执行器等识别设备，还包括视觉传感器、听觉传感器、位移传感器、压力传感器、温度传感器、气敏传感器等多种功能各异的传感器。

在感知层网络和核心承载网之间传输数据时，需要接入网关（Access Gateway）对其传输过程进行有效控制，接入网关由基站节点（如传感器网关）和汇聚节点（如 RFID 阅读器）共同组成，利用这两个节点组成的接入网关还可以融合数据、向下端传达信息以及用于各末梢感知节点的组网控制等。

具体来说，如果某一个末梢节点要向上传输数据，就需要先将数据发给汇聚节点，当汇聚节点接受并整理好数据后，还要与核心承载网络进行连接，而在连接的过程中，接入网关将起到纽带的作用。如果应用层要向下传输某些数据，就需要先由核心承载网络进行数据传输，再由接入网关接收数据，然后相关数据到达汇聚节点，最后末梢感知节点与汇聚节点相连，由末梢感知节点获取汇聚节点的有关数据。通过末梢感知节点与核心承载网络之间自上而下、自下而上的有机配合，便可实现物联网相关数据的接收、传输以及互交。

（2）传输层

传输层的主体是物联网的核心承载网，主要由两个网络组成，第一个是接入网，第二个是后 IP 网络。

要实现物联网的数据传输服务，就需要传输层的核心承载网发挥主要作用，而这种作用又分别体现在核心承载网的两个基础网络上，即接入网和后 IP 网络。传输数据时，感知层必须和后 IP 网络进行无缝连接，这就需要利用接入网进行相关操作。接入网包括以下几种：卫星通信网、宽带无线接入网（WiMAX）、宽带无线移动通信网（LTE）、无线局域网（WiFi）、无线城域网（WMAN）、蜂窝移动通信网络（GSM、CDMA、GRPS）、移动通信网络（WCDMA、CDMA2000、TD-SCDMA）等等。

后 IP 网络具有两个特性，一种是可配置性，另一种是可控制性。从某种程度上说，后 IP 网络是互联网升级换代的产物，它继承了互联网的多种服务功能与特性优点，又在多种系统和设备上得到了升级，具有了新一代的可靠功能。利用可配置性和可控性这两种独特的性质，后 IP 网络在为物联网提供数据传输服务的过程中将更加可靠、高效。

（3）服务管理层

作为物联网系统的"中间件"层，服务管理层主要起到承上启下的作用。具体来说，它主要包含以下几种核心技术：一是海量数据存储技术，即能够存储大量的数据；二是数据挖掘技术，也就是在已有数据的基础上，利用相关技术手段将隐含的、不易被发觉的、容易遗失的信息数据挖掘出来，用于更深层次的数据开发；三是信息处理技术，该技术主要依赖于互联网领域的云计算机，利用云计算机的强大计算功能，可以高效处理所获取的物联网信息；四是数据安全与隐私保护技术，这种技术关系到人们的切身利益，是一种必备的重要技术。利用这些技术手段，物联网的服务管理层既可以接收、汇聚以及转换感知层数据的信息，又可以在分析和处理相关数据的基础上控制用户所发出的指令。同时，服务管理层除了能够提供物联网管理组件和共性的支撑软件，还能提供公共的硬件计算平台等。

（4）应用层

应用层是物联网的最终目的层级，人们开发物联网就是为了应用于人们的生活，使人们的生产、生活向更加美好的方向发展。应用层是服务管理层的上一层级，也是最贴近人类日常生活的一个层级，其主要结构是物联网应用系统。物理网的应用系统所包含的内容十分广阔，包括医疗检测、养老护理、物流管理、环境监测、市场评估、农业管理、灾害预防、地质勘探等。除了具有物联网应用系统的这些应用功能，应用层还要负责用户界面的内容，设计出更加符合人们要求的良好用户界面，使人们获得更多惊喜体验。这些界面包括多种用户设备和软件设备，用户设备包含个人计算机、台式电脑、智能手机、平板电脑等，软件设备包括客户端浏览器、应用下载软件等。

利用这些设备用户设备和软件设备，人们可以在任何时间、任何地点、任何空间，快速、便捷地获取世界万物的信息，并可以对它们进行实时的监控、管理和决策利用。同时，人们还能利用相关的控制信息，对万事万物进行有效的控制，让整个物理世界都掌控在人类的手中。

5. 物联网体系硬件平台的搭建

移动互联网促进了世界范围内的经济全球化、信息全球化，利用互联网可以将不同国家、不同肤色、不同文化、不同语言的人紧密联系在一起。以物联网为基础，人类又试图通过另一种概念来规划和控制我们赖以生存的地球，这个全新的概念将带来一场前所未有的科技革命，其影响力将超越互联网，成为名副其实的联系世界万事万物的网络系统。这个系统就是以互联网技术、感知识别技术以及无线通讯技术为基础的物联网系统，物联网系统不仅能将不同的人联系起来，还能将世界上各个角落的物品联系起来，形成一个物物信息交互的数据网络。物联网时代到来后，人类将步入智能社会，真正成为掌控世界的主人。

从不同的角度看，物联网的类型也将不同，但无论何种类型的物联网，都必须由相关的硬件组成。从体系构建上来看，物联网体系硬件平台的搭建至关重要。

物联网的核心是数据，并且这种数据的量还要足够大，才能真正实现物联网。物联网是实用性网络的一种，它最终的应用群体是普通民众。搭建物联网体系需要几个核心组成部分，如信息服务系统、核心承载网、互联网以及传感网等。利用这些核心组成部分，物联网可以实现多种功能，比如感知物品信息、接受和反馈感知信息、处理和分析物品数据、根据大数据对生产生活进行决策等。传感网中存在很多感知节点和末梢网络，其中，感知节点的作用是对数据进行采集和控制，末梢网络是由汇聚节点和接入网关组成。进行物联网通讯时，需要用到核心承载网，而物联网信息的处理和决策需要利用信息服务系统的硬件设施来完成。

具体来说，搭建物联网体系硬件平台需要从以下几方面着手：

（1）感知节点

感知节点主要由两个模块组成，分别是采集模块和控制模块。日常生活中，人们常见的多种传感器，如视觉传感器、温度传感器、压力传感器、振动传感器、二维码识读器、RFID读写器等都属于感知节点的有关模块。在物联网领域，感知节点的作用是采集物品数据以及控制某些感知设备等。

传感单元、处理单元、通信单元以及电源是感知节点的基本单元，缺少任何一个单元，感知节点都不能正常工作。这四个单元的构成模块以及对应功能分别是：

第一，传感单元。

该单元有两个组成部分，分别是模数转换功能模块和传感器，包括温度感应设备、RFID 读写器、二维码识读设备等。

第二，处理单元。

该单元的主要组成部分是嵌入式系统，日常生活中，CPU 微处理器是最常见的处理单元之一。另外，人们十分熟悉的存储器也属于处理单元，嵌入式操作系统是嵌入式系统的主要分支之一。

第三，通信单元。

物联网的通信方式大多为无线通信，因此，无线通讯模块是其通信单元的主要组成部分。通信单元一方面连接汇聚节点，实现与汇聚节点间的通信；另一方面连接末梢节点，实现与末梢节点间的通信。

第四，电源。

电源是感知节点的供电部分，为感知节点提供能量，保障感知节点的各个单元能够正常工作。

感知节点综合运用了多种技术，它不仅包含了传感器等感知技术，也包含了智能组网、嵌入式计算等互联网相关技术，还包含了分布式信息处理、无线通讯等信息通讯等技术。对于不同环境中的不同对象，感知节点可以利用传感器对它们进行感知、监控以及信息采集。这些传感器具有高度集成化的特点，不仅可以单独工作，还能协作工作，大大提高了环境适应性和组织灵活性。感知节点的嵌入式系统就像一个微型"大脑"，可以对获取的信息进行实时的处理。这些信息要想被送到物联网的信息应用服务系统，还需要经过无线通讯网络传输到接入层，之后，物品相关信息经由接入层中的基站节点以及接入网关处理，最后才能达到最终的目的地——信息应用服务系统。信息的传输以多跳中继方式为主，结合随机自组织无线传输模式共同完成信息的高效传输。

（2）末梢网络

末梢网络又称接入网络，接入网关和汇聚节点是末梢网络的两个重要组成单元。末梢网络有多方面的作用，它可以利用末梢感知节点对海量的数据进行汇聚，从而方便数据的整合和调配；也可以利用末梢感知节点对不同的组网方式进行控制。另外，末梢网络还可以利用数据转发功能，对感知节点转发数据。具体来说，建立末梢网络的目的是实现承载网络和感知节点的数据交互以及数据转发。为实现这目的，第一步要进行组网工作，也就是在感知节点之间组建网络，使众多的感知节点不再是单一的个体，而是相互关联的一个网络整体。在上传数据时，需要将感知节点的数据先传输到汇聚节点，或者说传送到基站内，然后，接收到数据的汇聚节点（基站）会在接入网关的帮助下连接下一级的网络——承载网络。这是感知节点向承载网络发送数据信息的过程，而将用户下达的控制信息由用户应用系统发送到感知节点则需要经过以下过程：先将数据控制信息由用户应用系统发出，然后经由承载网络，传达到接入网关，接入网关再将数据发送给汇聚节点，最后汇聚节点将数据传给感知节点。通过这两种相反的传输过程，末梢网络便可实现感知节点与承载网络间的数据交互。

（3）核心承载网

核心承载网不是一个固定的网络，它是一类网络的统称。人们对物联网的应用需求不同，承载网所指的网络也会不同。如果物联网用于家庭应用，那么承载网就可以是家庭互联网、家庭 WiFi 或者是 WiMAX；如果是物联网用于公共应用，那么承载网就可以是 2G 移动通信网、3G 移动通讯网、4G 移动通讯网；如果物联网用于企业应用，那么承载网就可以是企业专用网。另外，核心承载网也可以是专门为物联网搭建的通信网络。

（4）信息服务系统硬件设施

用户设备、客户端和服务器是构成物联网信息服务系统硬件的三大部分。其中，用户设备包括智能手机、个人电脑、平板电脑、智能电视等；服务器指的是各种应用服务器，比如数据库服务器等；客户端一般指的是公共客户端。

信息服务系统硬件设施的主要作用一方面是适配用户、触发需求事件，另一方面是对感知节点所采集的数据进行汇聚、融合、转换、分析等。在采集信息时，不是所有的数据都是有价值的数据，要使从感知节点采集来的海量数据具有价值，就必须利用物联网的内部设施对这些数据进行融合、转换、分析以及处理等。信息呈现的适配需要由服务器实时掌控，还需要用户端设备时时配合才能完成，在此过程中，用户端设备用于触发通知信息。要控制末端节点，需要信息服务系统硬件设施先产生控制指令，然后再将这些控制指令以数据信息的形式传输到末端节点。在信息服务系统中，对于不同应用，应用服务器的选择种类也会不同。

第四章

物联网网络层的搭建：

怎样设计系统网络层？

物联网网络层是物联网体系的中间层级，通过它可以实现物理网感知层和物联网应用层的连接。与其他层级相比，网络层的技术更加成熟，这是主要因为它建立在已有网络的基础之上，结合了移动通信网、国际互联网、公共网络和专用网络等多种现有网络技术，不仅标准化程度更高，而且产业化能力更强。物联网网络层集合了已有网络的优点，提升了传输数据的可靠性和安全性，实现了对感知层数据的实时且动态的传输。特别是在无线传输方面，网络层的表现尤为突出，它既可以打破短距离传输的瓶颈，又可以在提高传输数据量的基础上，保证高效数据传输的服务质量和要求。

互联网、移动通信网以及无线传感网是物联网的三大组成网络，学习这三大网络技术可以了解物联网网络层的基础架构，让人们清楚物联网网络层的主要组成，更加透彻地理解网络层的概念。物联网的组成网络与传统网络既有区别又有联系，通过对网络层 WiMax 与传统名 WiFi 的比较，我们可以了解网络层的基本传输原理和过程及其相对于传统网络的优势。网络层中蓝牙技术的应用，实现了短距离无限数据的高效传输，大大方便了物与物、物与人、人与人之间的信息互动和交流。路由的选择和软件平台的搭建是网络层必须要考虑的问题，在充分解决了这些问题后，物联网网络层处理数据的效率将变得更加高效，相关的功能也将变得更加强大。

1. 网络层的关键技术是什么

如果说感知层是物联网的"感觉器官",那么网络层就是物联网的"大脑"。物联网网络层中存在着各种"神经中枢",用于信息的传输、处理以及利用等。通讯网络、信息中心、融合网络、网络管理中心等共同构成了物联网的网络层。

要实现网络层的数据传输,可以利用多种形式的网络类型,比如人们既可以利用小型局域网、家庭网络、企业内部专网等各类专网进行数据传输,也可以利用互联网、移动通讯网等大型公共网络进行信息传输。事实上,如果能将电视网络和互联网相互融合,那么这两种网络融合后的有线电视网也可以成为物联网网络层的一部分,这种网络能与其他网络配合,共同承担起物联网网络层的多种功能。随着多种应用网络的融合,物联网的进程将会不断加快。

物联网网络层具有多种关键性技术,比如互联网、移动通信网以及无线传感器网络。

(1)互联网

互联网几乎包含了人类的所有信息,是人类信息资源的汇总,人们常说的因特网就是互联网的狭义称谓。在相关网络协议的约束下,通过互联网相连的网络将海量的信息汇总、整理和存储,实现信息资源的有效利用和共享,这其实就是互联网最主要的功能。互联网是由众多的子网连接而成,它是一个逻辑性网络，而每一个子网中都有一些主机，这些主机主要是由计算机构成，它们相互连接，共同控制着自己区域的子网。互联网中存在两类最高层域名，分别是地理性域名和机构性域名，其中，机构性域名的数量有 14 个。

"客户机 + 服务器"模式是互联网的基础工作模式，在 TCP/IP 的约束下，如果一台计算机可以和互联网连接并相互通信，那么这台计算机就成了互联网的一部分。这种不受自身类型和操作系统限制的联网形式，使互联网的覆盖范围十分广大。从某种意义上来说，在互联网的基础上加以延伸便可形成物联网。

拥有丰富信息资源的互联网，一方面可以方便人们获取各种有用信息，让人们的生产、生活变得更加高效；另一方面可以让人们享受互联网所提供的优质服务，从而提高人们的生活水平。

具体来说，互联网可以为人们提供以下几种服务：

第一，高级浏览服务。利用网页搜索，我们可以搜寻、检索并利用各种网络信息，同时，我们也可以将自己的信息以及外界环境信息等，通过网页编辑，发布到互联网上与他人共享。利用互联网的高级浏览服务，我们不仅能进行非实时信息交流，还能进行实时信息交流。

第二，电子邮件服务。电子邮件服务是最流行的网络通讯工具，可以帮助人们在任何时间、任何地点实现与朋友、亲人之间的互动交流。

第三，远程登录服务。利用这种服务，人们可以远距离操作其他计算机系统。通过远程登录服务，将本地计算机与远程计算机连接起来，实现通过操作本地计算机控制远程计算机系统的目的。

第四，文件传输服务。最早的互联网文件传输程序是 FTP，人们利用远程登录服务先登录到互联网的一台远程计算机上，然后再利用 FTP 文件传输程序将信息文件传输到远程计算机系统中。同样，我们也可以从远程计算机系统中下载文件。

互联网是物联网最主要的信息传输网络之一，要实现物联网，就需要互联网适应更大的数据量，提供更多的终端。而要满足一些要求，就必须从技术上进行突破。目前，IPv6 技术是攻克这种难题的关键技术，这是因为，IPv6 拥有接近无限的地址空间，可以存储和传输海量的数据。利用互联网的 IPv6 技术，不仅可以为人提供服务，还能为所有硬件设备提供服务。

（2）移动通信网

移动物体之间、移动物体与静态物体之间的通信需要利用移动通信网得以实现。移动通信有两种方式，分别是有线通信和无线通信，在这两种方式的作用下，人们可以享受到语音通话、图片传输等服务。

核心网、骨干网以及无线接入网共同构成了移动通信网，其中，无线接入网的主要作用是连接移动通信网和移动终端，而利用核心网和骨干网可以实现信息的互交和传递。由此可见，移动通信网的基础技术包括两类：一类是信息互交技术，另一类是信息传递技术。

移动通信网可以实现任何形式的传播，因此它具有开放性；移动通信网可以在多种复杂环境下进行工作，因此它又具有复杂性。另外，移动通信网还具有随机移动性。

①移动性。要实现移动通信，需利用无线方式进行传输，或者利用有线与无线相结合的方式。

②电磁波传输条件复杂。移动物体所处环境的复杂性决定了电磁波传输条件的复杂性，在传播的过程中，电池波会因为反射、折射、绕射等物理特性，产生信息延迟、多径干扰等问题。

③系统与网络结构复杂。移动通信网的用户有很多，要实现他们之间的相互通信，需要一个既能相互协调，又不会互相干扰的网络系统。这个网络系统需要与数据网、卫星通信网以及局域网互联，因此具有网络结构复杂性。

④具备高利用率的频带和高性能的设备。WiMAX、WiFi 以及 3G 等接入技术是移动通信网的主要技术，其中，WiMAX 的英文全称是 Worldwide Interoperability for Microwave Access，即全球微波互联接入，是一种无线信息传播术。WiMAX 可接收的波段包括微波、毫米波，信号传输范围为半径 50 千

米内，常用于偏远地区的无线连接。WiFi 的英文全称是 Wireless Fidelity，即无线保真技术。其组成部分包括无线网卡和 AP 接入点等，可实现多种无线设备的网络连接。3G 是一种集合了多种信息系统的蜂窝式移动通讯技术。

和互联网相同，物联网不仅需要有线的信息连接方式，也需要无线的信息连接方式。多种形式的连接方式可以帮助物联网高效且方便地传输和交互数据信息，实现信息的采集和共享。

（3）无线传感器网络

无线传感器网络的英文简称是 WSN，即在众多传感器之间建立一种无线自组织网络，并利用这种无线自组织网络实现这些传感器之间的信息传输。在这个传输过程中，无线传输网络会对传感器所采集的数据进行汇总。该技术可以使区域内物品的物理信息和周围环境信息全部以数据的形式存储在无线传感器中，有利于人们对目标物品和任务环境进行实时的监控，也有利于分析和处理有关信息，对物品进行有效的管理。

无线传感器网络包含了多种技术，其中包括现代网络技术、无线通信技术、嵌入式计算技术、分布式信息处理技术以及传感器技术等。网关节点（汇聚节点）、传输网络、传感器节点和远程监控共同构成了无线传感器网络，它兼顾了无线通讯、信息监控、事务控制等功能，具有以下几个特点：

①网络规模较大，遍布各种地理环境，通过无数的传感器覆盖全球；

②网络呈现动态变化，其结构为网络拓扑结构；

③网络的核心是数据，一切工作行为都以数据为中心；

④网络具有自动组织性能；

⑤网络具有应用相关性；

⑥网络较公开，安全性较低；

⑦传感器节点性能有限，有待进一步开发。

物联网网络层在互联网、移动通信网以及无线传感器网络的相互配合下，完成了主要的层级功能，为构建物联网系统提供了技术参考和行业标准，加快了物联网的全球化进程。

2. 网络层 WiMax 与传统 WiFi 的比较

物联网网络层中的 WiMAX 是一种无线接入技术，它具有多种名称。WiMAX 的国际英文全称是 Worldwide Interoperability for Microwave Access，中文译称为"全球微波互联接入"。另外，802.16 或者 802.16 无线城域网是 WiMAX 的别称。

WiMAX 技术可实现物联网网络层中的宽带无线高速连接，确保了物联网数据的高速传输。WiMAX 具有多种优点，比如它可以作为 QoS 的保障，不仅适应性广，而且传输效率高。并且，由于 WiMAX 的最远数据传输距离为 50km，所以，它是物联网数据无线远距离传输的最佳选择。WiMAX 技术融合了多种先进的通信技术，比如多输入多输出技术（MIMO）、AAS 以及 OFDM/OFDMA 等。作为众多先进技术的融合体，WiMAX 技术代表了未来通信技术发展的方向，随着 WiMAX 技术的不断发展，其相关标准也不断被制定出来。由于传输距离较远，适应于远距离无线数据传输，相比于 3G、4G，WiMAX 更有利于宽带业务实现移动化。而 3G、4G 网络传输加快了互联网移动业务的宽带化进程，未来，如果人们能将 WiMAX 技术与 3G、4G 网络传输技术相融合，那么在构建物联网网络数据传输系统时就会更加容易。

WiMAX 技术多用于城域网，802.16 无线城域网的别称便由此而来。作为一种高速无线数据网络标准，WiMAX 可以替代传统的接入传输方式，如电缆、DSL，实现偏远地区"最后一公里"的网络数据传输。除了能作为"最后一公里"的无线宽带接入，WiMAX 还可以提供多种其他应用服务，如热点服务、企业间高速连线服务、移动通信回城线路等。虽然 WiMAX 与 WiFi 的概念相似，但 WiMAX 的综合性能要远远高于日常生活中人们喜爱使用的 WiFi，并且其优越性能能够使无线宽带数据传输的距离进一步扩大，从而使数据网络的覆盖面积更加广阔。

现阶段，公认最好的 access 蜂窝网络是以 WiMAX 技术为核心的 WiMAX1。WiMAX1 具有优越的数据传输速度和超远距离传输范围，可以方便快捷地连接到任何宽带覆盖的领域，为广大用户提供高速数据连接服务，其无与伦比的高速传输数据性能可以为用户带来极速上网体验。WiMAX 技术与其他无线技术融合后，将构成一个新的无线传输标准，WiMAX 技术的发展将加快网络经济的发展。

如果说 WiFi 技术是无线互联网发展的风向标，那么 WiMAX 技术就是无线物联网发展的指示牌，虽同为无线信息传输技术，但它们之前却有较大的区别。两者可在标准竞争、传输速度、传输范围以及网络安全性等方面进行综合分析比较。

（1）移动性分析

在移动业务上，WiMAX 与 WiFi 既有区别又有联系。从两者的联系上来看，WiMAX 与 WiFi 最大的联系就是都支持移动性通信。两者的区别在于，在 WiMAX 的标准中，有一种专门用于移动宽带数据业务的 802.16 e，该标准的应用范围通常是 802.16 e 终端持有者以及笔记本终端等。虽然 802.16 e 提供 VoIP 业务，也能够与 IP 核心网进行连接，但是它的移动性有限。对于 802.16 e，高带宽与宽覆盖以及高移动性无法共存，只有牺牲掉宽覆盖和高移动性，它才能获得较高的数据接入带宽，这也是为什么曾经很长一段时间 802.16 e 都致力于解决热点覆盖以及移动性问题。在有限的移动性特性下，802.16 只适用于低速移动设备的网络数据接入。而虽然 WiFi 技术允许设备具有移动性，但不能在脱离一个 WiFi 基地台范围进入到另一个 WiFi 基地台范围的过程中切换终端，当设备在两个 WiFi 基地台之间移动时，要想一直保持联网状态是无法实

现的，需要有一个重新接入网络的过程。

（2）传输范围分析

如果要设计一种新的 WiMAX，可以在两种无线频段中运行，一种是公用无线频段，一种是需要执照的无线频段。假如一个物联网企业拥有无线频段的执照，那么在设计 WiMAX 时，WiMAX 将在运作上拥有更多权限。在授权频段下，WiMAX 可以在更多的时段进行信息传输，也可以拥有更多的频宽，还可以让自身功率增强。WiMAX 授权频宽的条件是无线 IS/7，而设计 WiFi 时，需要在公用频段中运行，并且要将其频率控制在 2.4 GHz~5 GHz 之间。WiFi 的传输功率范围是 1 毫瓦至 100 毫瓦之间，该标准是由权威机构美国联邦通讯技术委员会（FCC）制定。而 WiMAX 的传输功率可达 100 千瓦，是 WiFi 传输功率的一百万倍。由此可以看出，WiMAX 的传输距离远大于 WiFi 的传输距离并不是没有道理。

WiMAX 的传输距离比较长，但是它的应用却没有 WiFi 多，这是一因为 WiMAX 的信息传输条件比较苛刻。两个 WiMAX 基地远距离传输信息时，其所使用的无限电频段必须必须拥有相关授权，否则就会无法正常使用。如果支持 WiMAX 工作的无线电频段没有授权，则它的远距离传输等优势将会消失。WiMAX 与 WiFi 在运作时都会受到物理定律的限制，它们都依赖无限频段传输，都在无线频段特性的限制之下运行。假设让 WiFi 和 WiMAX 一样，在授权频带中工作，那么它的特性将会发生巨大变化，其信息传输范围将会变大，传输距离也将更远，变得与 WiMAX 一样，具有明显的传输优势。

除了需要授权频段环境，WiMAX 还能利用 pre—NMIMO 等多径处理技术。在多种技术的综合运用下，WiMAX 的性能将更加优越。

（3）传输速度分析

WiMAX 技术的绝对优势是超高的数据传输速度，据相关机构检测，其最高传输速度可达 324Mbyte/s，这是 WiFi 等一般的无线传输技术无法比拟的，就连 WiMAX 利用的 Wi—FiMIMO 技术也可达到理论值为 108Mbyte/s 的传输速度。但是即使有如此骄人的优势，WiMAX 的应用却很少，关于它的商业产品更是相形见绌，远远比不上 WiFi 技术。这是因为，WiMAX 技术的技术问题较多，并且会受到各种物理定律的限制，技术发展尚不成熟。在设计 WiMAX 时，还有一个不可忽略的问题，即频宽竞争问题，这也是 WiMAX 技术尚无法商业化和普及化的原因。在组建 WiMAX 网络时，授权频段环境可使 WiMAX 的覆盖面积变大，但是覆盖面积变大，使用网络的用户就会随之变多，对于同样频宽的竞争就会越激烈。如果试图避免频宽竞争，利用多个独立频道传输数据，但相同频道中的使用人数仍会高于 WiFi，其网络负担依然很重。在频宽竞争之外，还有品质管控（QoS）的问题（QoS），这种问题和频宽竞争问题一样，都是卫星电话企业、无线微波企业以及 3G 企业经常遇到的问题。网络的服务品质不达标，使用的人数就会很少，在 WiMAX 控制的网络下，当网络延迟达到一定区间后，其他即时应用将很难运行，比如延迟在 200 ～ 2000 毫秒之间，用户便不能使用视频聊天、网络游戏以及 VoIP 等。如果将服务品质管控（QoS）机制与 WiMAX 技术相结合，理论上可以解决网络服务品质的问题，但现阶段还没有相应的产品诞生。

相比于 WiMAX 技术，QoS 在 WiFi 技术上运作已被证明具有可行性，QoS 在 802.11e 上运作的相关标准正在进一步的制定中。由于商业盈利性质的局限性，用户很难享用整个频段，所以授权 WiMAX 的基地台建设比非授权 WiMAX 的基地台建设要慢得多，当然，比 WiFi 基地台的建设也要慢得多。在公用频段无线连接网络领域，相关商品的推出决定了 WiMAX 与 WiFi 技术的应用和普及。从传输功率和频段上来看，WiMAX 与 WiFi 理论上存在较多的共同点，但由于 WiFi 产品的广泛普及，WiFi 在非授权频段日渐成熟，比 WiMAX 在技术方面领先了很多，所以，WiMAX 应该应用于更高层次的领域，如企业间的高速无线数据网络传输以及物联网领域的网络传输等。

（4）折叠安全性分析

在安全性上，WiMAX 与 WiFi 亦有相似之处，WiFi 的 WPA2 与 WiMAX 的加密和认证方法几乎相同。区别在于，WiMAX 的安全机制使用的是名为 PKM—EAP 的加密方法，即在使用 3DES 或者 AES 的同时加上 EAP 认证，而 WiFi 的 WPA2 使用的加密机制是 AES 加密，使用的认证方法是 PEAP 认证。这两套安全机制和认证方法都能够保证网络的安全性，可能存在安全隐患的是利用不合理的组建方式组建网络。

3. 网络层如何选择路由

路由就是信息传输的路径，物联网网络层中有多种信息传输的路径，这些路径主要由两种节点提供，一种是目的节点，另一种是通信子网络源节点。要设计并构建物联网网络层，路由的选择十分重要。当节点遇到分组时，必须确定下一节点的路由，否则将无法进行数据传输。为网络节点选择路由有多种方式，比如，我们可以在连接建立虚电路时确定路由，也可以在数据报方式中利用网络节点为不同的分组选择路由。

选择路由需要借助路由算法，而路由算法的建立并不简单，它的设计需要考虑多种要素：一是性能指标，路由算法需要建立在一定的性能指标之上，这种性能指标一般可分为两种，分别是最优路由和最短路由，最优路由除了要考虑传输距离的长短之外，还要考虑其他综合因素，是一种建立在综合考虑下的路由选择方式，而最短路由要考虑的主要因素是传输距离，距离最短是这种路由选择方式的目标。二是充分考虑通信子网所采取的方式，这种考虑的方式也有两种，一种是基于虚电路方式的路由选择，另一种是基于数据报方式的路由选择。三是既可以采用分布式路由算法，又可以采用集中式路由算法，如果选择前者，那么在到达每一个分组之前都要为网络节点选择路由，如果选择后者，那么决定整个路由的关键点是中央节点，或者是初始节点；四是综合考虑信息的来源因素，既要考虑流量的来源，又要考虑延迟的原因，还要考虑网络拓扑的来源等。五是在动态路由和静态路由之间进行相关策略选择。

路由可分成静态路由和动态路由，在选择路由时，通过类别比较进行选择是一种普遍采用的方法。

（1）静态路由选择策略

这是一种根据某些固定规则和标准来选择路由的策略，利用这种策略进行路由选择，既不需要对网络层进行相关测量，也不需要利用网络信息进行分析。静态路由选择策略包含三种算法，分别是固定路由选择算法、泛射路由选择算法以及随机路由选择算法。

①固定路由选择算法

该算法比较简单，所以人们对这种算法的使用比较频繁。在选择路由之前，人们会在每一个网络节点下面附上一张表格，用于记录该网络节点应该对应的链路或者目的节点。以存储表格的方式来明确所要选择的路由虽然看起来很"笨"，但却非常方便有效。如果节点准备选择路由，只需要将每一个节点下存储的表格"打开"，并根据分组的地址信息，对应路由表中的目的节点，便可快速选出标准路由。固定路由选择算法不仅实施起来十分方便，还可在特定环境中发挥更好的效果，比如在负载相对稳定以及拓扑结构变化较小时，使用该种算法可起到更好的运行效果。但固定路由选择算法也有一定的缺点，比如遇到网络故障或者网络堵塞的情况，利用这种算法将无法选择出较好的路由，这同时也表明了这种选择算法比较"死板"，无法灵活适应不断变化的网络环境。因此，该种算法的实施，需要一个相对稳定的网络。

②泛射路由选择法算法

这种算法也比较简单。当网络层众多线路中的某个分组到达一个网络节点，这个网络节点就会将这个收到的分组重新发送到其他所有线路中，这就相当于同时测试了所有路径，网络节点只需要找到那个最先到达目的节点的分组，并与之配对，便可以形成最短路径。一些军事网络可以利用这种方法来选择路由，因为军事网络的强壮性较高，不易遭到破坏，即使多数网络节点被损坏，泛射路由选择算法仍能根据某一个分组与其他目的节点配对选择出最优路由，从而保证数据的高效、可靠传输。

除此之外，泛射路由选择算法也可以应用于数据的广播式交换，还可以应用于检测网络的最短传输延迟。

③随机路由选择算法

网络节点在收到分组后，利用这种算法，可帮助该网络节点在其他相邻节点中选出一个出路节点作为分组的备用节点。随机路由选择算法的优点是简单易行且具有一定的可靠性，但是利用这种方法选出的路由不一定是最佳路由，而非最佳路由往往会给网络层增加不必要的负担，还常伴有不可预测的传输延迟问题。因此，此种算法无法保证数据的可靠传输在现实中的应用也较少。

（2）动态路由选择策略

动态路由选择策略可用于改善网络的性能，该种策略具有较强的适应性，可在不断变化的网络环境中较好地完成选择最佳路由的工作。例如，利用动态路由选择策略不仅能适应网络流量的变化，也能适应拓扑结构的变化，并可根据网络实时的状态信息来确定节点路由的选择。但是这种算法也有弊端，它比较复杂，因此往往会提高网络负载，使网络整体负担加重，并且在现实操作中，还会出现多种不可靠情况。网络反应较慢，这种算法就会不起作用；如果网络反应较快，又会引起较大的网络振荡等。与静态路由选择策略相同，动态路由选择策略也具有三种具体算法，分别是独立路由算法、分布路由算法以及动态路由算法。

①独立路由选择算法。该种算法需要根据节点接收的信息自行选择路由，在这个选择的过程中，接收分组的网络节点不会与其他网络节点交换路由选择的信息，其最大的好处是能适应拓扑结构以及网络流量的变化，但是无法确

定较远网络节点的路由选择。热土豆算法是一种早期的简单的独立路由选择算法，该算法的特点是，网络节点在接收到分组后，需尽快将其排列在最短的输出列方向上，但是这个输出列的方向如何，并不在该种算法的考虑范围内。

②集中路由选择算法。这种算法与固定路由选择算法有相似之处，都有路由表，每个网络节点对应一张路由表，路由表中记录着路由选择信息。两种算法的不同点在于节点路由表的制作单位，当节点路由表应用于固定路由选择算法中时，它的制作单位是人，也就是说，该算法中的路由表由人亲手制作；而当节点路由表应用于集中路由选择时，节点路由表的制作单位是路由控制中心 RCC（Routing Control Center）。实际上，由路由控制中心 RCC 制作的节点路由表更具动态性，因为路由控制中心 RCC 会根据动态的网络信息进行计算，通过分析网络的实时状态制作出相应的节点路由表，然后才会将这些路由表分送给各个网络节点。简单来说就是，一个是静态信息路由表，一个是动态信息路由表。相比于静态信息路由表，由 RCC 利用网络实时信息制作的动态信息路由表更加完善，可以完美选择路由，而不会增加各个网络节点的计算负担。

③分布路由选择算法。分布路由选择算法也是由表格制胜的算法，这种算法也会在每一个网络节点中存储一张路由表，这个路由表的特点是更具选择性，可称为"路由选择表"。每个网络节点都有一张路由选择表，且它们都是由网络中其他的每个网络节点为索引，与集中路由选择算法和固定路由选择算法中的节点路由表都不同。

运用分布路由选择算法时，每隔一段时间，网络节点都会与其他相邻节点交换信息，这些信息中包含了多种路由选择数据。这张选择路由表中的每一项都对应一个网络节点，每一项又由两个部分组成，分别是目的节点的输出路线以及目的节点的言辞和距离信息。

分布路由选择算法的度量标准有多种，比如等待分组数、毫秒数、链路段数、容量大小等。在这种算法中，每一个网络节点都能作为一个"回声定位系统"，当网络出现延迟时，每个节点都会向其他节点发送一个回声分组，其他

节点接收到这个回声分组后会为其加上一个时间标记，然后再回馈发送给原始节点，这样便可测出网络延迟。最后，通过延迟信息就可以选择出最佳路由。

4. 物联网网络层软件平台的搭建

物联网网络层主要依赖于软件平台来实现其功能。如果要构建一个信息网络，就必须考虑两个主要因素，一个是硬件设施，一个是软件平台。其中，软件平台是物联网网络层的核心平台，物联网网络层的多种功能都需要依赖于网络软件才能实现。那么，如何搭建物联网网络层的软件平台？具体的考虑因素有哪些呢？

在搭建物联网网络层时，传统的观念是先考虑硬件，后考虑软件。但是随着技术的发展，人们发现这种做法会导致很多软件无法实现预期的功能，致使物联网网络层在较短时间内无法正常运行。而如果在最开始建立网络层时，就注重网络层软件平台的搭建，将极大地解决这种弊端。人们在建立网络层软件平台的同时，不断测试软件的功能，让人们对软件的预期与实际情况相结合，达到更好的功能效果。建立物联网网络层最终要达到的目标是实现网络层的高度结构化和层次化。从微观角度来说，网络软件也需要制定同样的目标。作为物联网的神经系统，软件平台会随着局部物联网功能的不同而产生相应的变化，换而言之，不同的物联网局部体系所对应的软件平台也会不同。但是，一般来说，物联网软件平台的建立需要与通讯协议体系相结合，或者说是建立在该协议之上的。

物联网网络层软件平台通常包括以下主要成员：第一，物联网信息管理系统，该系统的国际称谓是 Management Information System，简称 MIS，一般作为物联网网络层软件平台高层系统，该中心系统包括地方企业级、国家级以及国际级三个层级；第二，网络操作系统，常见的网络操作系统是嵌入式系统；

第三，中间件系统软件；第四，感知系统软件。

（1）物联网信息管理系统

互联网需要网络管理，物联网也需要相应的管理，而担任物联网管理工作的系统就是物联网信息管理系统。和互联网的网络管理模式相似，现阶段，物联网的管理系统很多都是以 SNMP 为基础建立而成，在建立物联网管理系统的过程中，一个比较重要的环节是为系统提供对象名解析服务，即 ONS。和互联网中的 DNS 相同，物联网中的 ONS 既需要一定的组成架构，又需要一定的授权管理。利用 ONS 可以解析任何一种物品的电子编码，但是，只是解析编码内容还远远不够，还需要 URL 服务的从旁协助，才能对相关物品的详细信息进行获取。

物联网管理机构具有三个层级的管理中心，由高到低分别是国际物联网信息管理中心、国家物联网信息管理中心、企业物联网信息管理中心。这些管理机构的信息管理软件具有以下特性和功能：当本地物联网出现问题时，企业物联网信息管理中心就需要对这些问题进行分析和解决。作为最基本的物联网信息服务管理中心，企业物联网信息管理中心可以帮助本地物联网的用户企业、单位以及个人处理有关的物联网事务，如提供物联网的管理、帮助规划企业设备的物联网系统、解析物理网的结构等。国家互联网信息管理中心是较高一级的物联网信息管理机构，主要负责制定和发布有关物联网的相关信息，如物联网的国家标准等。该信息管理中心的主要作用是使国际之间的物联网络实现互相连接，同时，对地方物联网管理中心进行指导、管理等。国际物联网信息管理中心的职能范围更加广泛，它要制定国际物联网的基础框架，并发布国际物联网的有关标准，还要完成国家与国家之间的物联网连接，使世界范围内的物联网络形成一个统一的整体，并对整个全球物联网进行协调管理和指导利用。

（2）物联网操作系统

物联网的网络操作系统主要由集成开发环境、内核、通信支持、辅助外围模块等几方面构成。其中，通信支持存在多种方式，比如可以利用 NFC、RS232/PLC 等通讯支持，也可以利用 2/3/4G、Zibee 等通信支持。辅助外围模块包括通信协议栈、XML 文件解析器、驱动程序、GUI、Java 虚拟机、图形用户界面以及系统文件等。

物联网操作系统的功能比较独特，具备了与智能手机操作系统、个人电脑操作系统不同的特点。

对设备资源进行管理是物联网操作系统的基础功能，除此之外，它还具备以下几种与传统操作系统不同的功能：

第一，奠定物联网统一管理的基础。物联网的操作系统具有较为统一的标准，其远程控制采用统一的方式，远程管理接口也是统一的接口，这样的统一标准可以使物联网操作系统的应用领域更加广泛，即使行业不同、设备不同，也可以借助统一的控制方式、统一的管理接口、统一的管理软件等管理物联网的相关事务。这样做可以对物联网系统进行定期维护，增强了其可维护性，也是大大方便了物联网的管理，使物联网更加高效地运行。

如果上升到世界层面上，在这种统一标准的规范下，世界物联网可被统一地管理和维护，物联网的发展和应用将得到极大的提高。

第二，物联网生态环境培育。物联网操作系统与智能终端操作系统具有类似的作用，移动互联网的生态培育需要用到 Andriod、iOS 等智能操作系统，而物联网生态环境的培育也需要用到物联网操作系统。物联网操作系统可以沟通产业链，培育分离的商业生态环境，节约物联网应用开发的经济成本和时间成本。

（3）物联网中间件系统软件

连接读写器和后台应用软件的一种系统软件被称为中间件，中间件一方面可以为系统应用提供平台服务，另一方面可以将信息传输到网络操作系统。计算数据和处理数据是中间件的基本功能，中间件获取了感知系统采集的数据后，便会对这些数据进行统一分析、计算、调配、校对、汇集、存储、管理、利用等，其目的是整理海量的数据，有针对地对数据进行选择，过滤和处理无用数据等。

事件管理器、目标信息服务、应用程序接口、对象名解析服务以及读写器接口是物联网中间件的五个主要功能模块。它们的特点和功能如下：

①读写器接口

在中间件为读写器提供集成功能时，需要利用读写接口进行连接，而通过物联网，读写接口可以确保协议处理器和 RFID 读写器顺利进行连接。读写器接口的相关标准一般是采用美国非营利组织 EPC-global 所设定的标准。

②事件管理器

读写器接口传输的 RFID 数据比较分散且杂乱无序，存在较多的无用数据，为了获取精准信息，事件管理器会对这些 RFID 数据进行分类、排序、汇聚以及过滤等处理。

③目标信息服务

该服务由目标存储库和服务引擎共同构成。顾名思义，目标存储库的主要作用是标签和存储物品信息，这样可以为日后的信息查询提供便利。服务引擎可以提供信息接口。

④应用程序接口

用于应用程序接口，可以实现应用程序系统对读写器的控制。而要实现应用程序接口的这种功能，还需要中间件满足相应的标准协议。另外，还要解决屏蔽前端的复杂性问题。

⑤对象名解析服务

对象名解析服务简称 ONS，作为一种目录服务，对象名解析服务比较简单，即是配对标签物品的惟一固定电子编码和目标信息服务的网络地址。这种目标信息服务的网络地址可以是一个，也可以是多个，也就是说既可以一对一配对，又可以一对多配对。

5. 蓝牙技术：短距离无线通信技术中的翘楚

蓝牙技术是物联网网络层的短距离无线通信技术之一，也是无线数据传输的一种国际标准。利用蓝牙技术，可以在固定设备与固定设备之间、固定设备与移动设备之间、移动设备和移动设备之间建立一个短距离的数据传输网络，以便于这些设备之间交互和共享数据资源。通过蓝牙技术建立的通信网络成本较低，通用性强，适用范围广，它既可以作为一种控制软件的标准，又可以作为一种无线电空中接口；对于企业来说，它可以代替电缆、电线等传统的连接方式，使企业的各种机械设备能在短距离范围内利用无线电波进行连接，实现机械设备之间的数据共享、相互操作、相互控制等工作内容。在日常生产中，特别是电子设备之间都需要蓝牙技术进行连接，一方面利用这种技术连接可节约生产成本，提高生产效率；另一方面也避免了利用传输线连接设备所带来的安全隐患。

一个电子设备的蓝牙系统通常包含四个单元，分别是天线、链路控制、链路管理以及软件。这四个单元分别具有以下特点：

（1）天线单元

一般来说，设备的蓝牙系统都是由集成芯片构成，因此，蓝牙系统的天线单元也应适应电子芯片的大小，体积要小，质量要轻。这也表明蓝牙的天线不能像电视机和雷达的天线那样又大又笨重，它需要的是一种微带天线。蓝牙的空中接口需要遵循 ISM 频段的标准，它的天线电平为 0dBm。

除了要遵循 FCC 有关电平为 0dBm 的标准，蓝牙系统还要求自身的无线发射功率遵循 FCC 相关 ISM 频段的标准。利用扩频技术，蓝牙系统可拥有最高 100MW 的发射功率，这样大的功率范围可以满足多种电子设备的无线传输要求。从系统跳频上来看，1600/s 的跳频数是现代蓝牙技术可达到的最大频数。通常，蓝牙系统所使用的 ISM 波段的 UHF 无线电波在 2.4GHz~2.485GHz 之间，而在 2.402GHz~2.480GHz 之间存在的 1MHz 的频点数为 79 个。利用这种频率范围和频点数量，蓝牙系统可以实现在 0.1m~10m 之间的无线通信，这一范围内的无线通信可以使工厂中大多数具备蓝牙的机械设备都能与彼此进行良好的通信。如果有特殊的要求，只需要增加蓝牙系统的发射频率，便可扩大无线通信范围，一般可扩大到近百米范围。

（2）链路控制单元

蓝牙系统的链路控制单元由调谐元件和集成器件构成。其中，谐调原件单独存在，数量有 3~5 个。集成器件有三种，一种是射频传输／接收器，主要用于接收或传输信号；一种是链路控制器，主要用于处理基带协议（如基带链路控制器）；一种是基带处理器，主要用于处理基带信号。另外，蓝牙系统还具有蓝牙基带协议，这种基带协议包含两种交换内容，分别是电路交换和分组交换。结合这两种交换方式，可以利用时分双工的方式，使机器设备在蓝牙技术的协助下实现信息的全双工传输。

（3）链路管理单元

链路管理简称 LM，属于一种软件模块。该软件模块包含了鉴权、协议、数据设置、链路硬件配置等多方面内容，其特点是，在一定范围内，利用这种链路管理软件模块可以识别并配对其他的链路管理软件模块，还可以利用链路管理协议（LMP）在这两种相同的软件模块之间实现通信。

（4）软件功能单元

利用蓝牙技术可以让两个机器设备通过相互连接来实现相互操作。这种设备之间的相互操作性可以体现在多种过程之中，比如从无线电兼容模块到应用协议的过程需要利用这种相互操作性，从空中接口到对象交换格式的过程也需要利用这种相互操作性。但也有一些设备对设备间的相互操作性要求较低，比如头戴式设备等。蓝牙技术实现无线通信的目的，一般都离不开蓝牙设备之间的相互操作。作为独立的操作系统，蓝牙的软件系统需满足所制定的蓝牙规范和标准，不能与其他任何操作系统进行定向捆绑。

蓝牙系统的基本结构决定了蓝牙技术的工作原理，与计算机一样，蓝牙设备也需要借助芯片来完成自身的工作，这种专用芯片就是蓝牙芯片。蓝牙设备在与其他蓝牙设备连接时，会首先发送一个配对信号，这个以无线电承载的信号一旦在规定的范围内找到另一个蓝牙设备，就会提示操作者是否进行蓝牙配对。配对时，通常会有一个配对密码，以保证配对信息的准确以及数据的安全，操作人员输入正确的密码之后便可实现数据传输和交换。快速的频跳以及段分组技术可以提高蓝牙传输信号对外界环境的抗干扰能力，减少信号的持续衰弱，这样一来，通过蓝牙传输的信号将更加可靠，不会出现丢失数据的情况。1MHz 的传输速率可以保证蓝牙通过时分方式进行全双工通信，如果在远距离传输过程中出现了随机噪声，为避免随机噪声的干扰，可以利用前向纠错编码技术予以排除。为降低蓝牙设备的复杂性，通常都会采用频率调制方式进行调制。在语音通信方面，为提高语音的质量，人们利用连续可变斜率编码方式对语音信号进行处理，这种方式的抗衰弱能力较强，可以确保语音音质无损。作为一种全球通用的无限接口和无限通信方式，蓝牙技术所采用的工作频段属于非授权频段，适用于医学检测、科学研究以及工业生产等多种领域。蓝牙技术广泛的适用范围，为实现物联网短距离无限通信创造了有利条件。

基带、射频收发器以及协议堆栈是蓝牙技术的三大核心系统，这三大系统可以相互协调，共同作用，支持多种类型的数据传输和设备连接方式，既可以完成点对点的信息传输，又可以完成点对多点的信息传输。蓝牙系统的拓扑网络结构有两种方式，分别是分布式网络（Scatternet）和微微网（Piconet）。微微网是分布式网络的子单元，多个非同步的独立的微微网可以组成一个分布式网络。一般来说，一个微微网中存在多个用户，每个微微网对应一个调频顺序，分布式网络可利用调频顺序来识别不同的微微网。由 10 个微微网组成的分布式网络，其全双工数据速率可达到 6Mbps。作为一种微型网络，微微网依靠蓝牙技术相互连接，可以是一对一方式的连接，也可以是多对多方式的连接，并且这些连接的设备具有相同的级别和权限。微微网中的蓝牙设备具有主设备和从设备的区别，而这是在微微网建立之初就已经决定的。

第五章

物联网应用层的搭建：

怎样设计系统应用层？

基于物联网的相关技术，物联网应用层为人们提供了丰富的日常应用，给人们的生活带来了极大的便利。这也是人们发展物联网的根本目标。物联网应用层结合了市场信息化需求和物联网相关技术，让科技走进了人们的日常生活。

作为物联网的最终的目的层级，应用层的主要功能是将网络层传输而来的感知层信息进行分析、处理和利用，对操作物体进行有效控制，对管理事务进行正确决策。物联网应用层由物联网中间件和物联网应用两个部分组成，其中，中间件既可以是独立的应用程序，又可以是独立的应用系统，它能够将功能进行"打包"，形成一种模块化功能软件，为人们提供便利的物联网应用。而物联网应用所包含的范围较为广泛，所涉及的领域可以包括家居、交通、医疗、公共服务、生产制造、环境保护等。

设计一个物联网应用层系统，需要对物联网应用层的核心技术进行分析，了解目前应用层最流行的技术范畴；也要在了解应用层功能特性的基础上，注重对中间件的开发设计，确保功能软件的完整和规范；同时，还要充分了解数据融合及管理技术的具体内容，加强对数据的融合化利用以及系统化管理。在充分了解了物联网应用层的相关技术和具体功能后，再通过对实际典型应用案例的剖析，结合实际情况，进一步了解物联网应用的相关原理。这样，才能从根本上系统而完整地构架物联网应用层系统。

1. 物联网应用层技术分析

物联网应用层是最终的目的层级，利用该层的相关技术可以为广大用户提供良好的物联网业务体验，让人们真正感受到物联网对人类生活的巨大影响。物联网应用层的主要功能是处理网络层传来的海量信息，并利用这些信息为用户提供相关的服务。其中，合理利用以及高效处理相关信息是急需解决的物联网问题，而为了解决这一技术难题，物联网应用层需要利用中间件、M2M 等技术。

（1）中间件

作为基础软件，中间件具有可重复使用的特点。中间件在物联网领域既是基础，又是新领域、新挑战，因为该技术可被开发的空间较大、潜力无穷，通常会随着时间的推移而不断更新换代。

在物联网构建的信息网络中，中间件主要作用于分布式应用系统，使各种技术相互连接，实现各种技术之间的资源共享。作为一种独立的系统软件，中间件可以分为两个部分：一是平台部分，二是通信部分。利用这两个部分，中间件可以连接两个独立的应用程序，即使没有相应的接口，亦能实现这两个应用程序的相互连接。中间件由多种模块组成，包括实时内存事件数据库、任务管理系统、事件管理系统等。

在物联网的发展史上，中间件总共经历了三个里程碑式的阶段，第一阶段是应用程序中间件，第二阶段是构架中间件，第三阶段是结局方案中间件。总体来说，中间件具有以下特点：一是可支持多种标准协议和标准接口；二是可以应用于 OS 平台，也可应用于其他多种硬件；三是可实现分布计算，在不受网络、硬件以及 OS 影响的情况下，提供透明应用和交互服务；四是可与多种硬件结合使用，并满足它们的应用需要。

中间件的使用极大地解决了物联网领域的资源共享问题，它不仅可以实现多种技术之间的资源共享，也可以实现多种系统之间的资源共享，类似于一种能起到连接作用的信息沟通软件。利用这种技术，物联网的作用将被充分发挥出来，形成一个资源高度共享、功能异常强大的服务系统。从微观角度分析，中间件可实现将实物对象转换为虚拟对象的效用，而其所展现出的数据处理功能是该过程的关键步骤。要将有用信息传输到后端应用系统，需要经过多种步骤，比如对数据进行收集、汇聚、过滤、整合、传递等，而这些过程都需要依赖于物联网中间件才能顺利完成。物联网中间件能有如此强大的功能，离不开多种中间件技术的支撑，这些关键性技术包括上下文感知技术、嵌入式设备、Web 服务、Semantic Web 技术、Web of Things 等。

事实上，利用中间件可以帮助物联网开发部门更快地促进物联网相关项目的开发。以物联网的 RFID 项目为例，对中间件进行功能阐述：

①利用物联网中间件可以直接完成 RFID 数据的传输和导入，而不需要再开发程序代码。这样一来，便可极大地提高开发 RFID 项目的效率，缩短整体研发周期。

②在物联网中间件的帮助下，物联网的配置操作将不再单一，而会变得灵活多变。RFID 项目研发部门只需要结合业务需求和信息管理的实际情况，改变中间件的相关参数，便可以将 RFID 数据传输到物联网信息系统。

③如果 RFID 项目需要更改数据库和应用系统，需要将 RFID 数据导入新的物联网信息系统，那么只要将对应的物联网中间件的功能设置加以更改即可。

（2）M2M

M2M 的英文全称为 Machine-to-Machine，也就是机器对机器的意思。该种技术可以实现三种形式的实时数据无线连接，一种是系统之间的连接，一种是远程设备之间的连接，还有一种是人与机器之间的连接。M2M 是物联网的基础技术之一，目前，人们所说的互联网，大多数是以连接人、机器、系统为主要形式的物联网系统。未来，人们如果能将 M2M 普及，使无数个 M2M 系统相互连接，便可实现物联网信息系统的构建。

简单来说，M2M 是一种应用，或者说服务，其核心功能是实现机器终端之间的智能化信息互交。M2M 通过智能系统将多种通信技术统一结合，形成局部感应网络，适用于多种应用领域，比如公共交通、自动售货机、自动抄表、城市规划、环境监测、安全防护、机械维修等。

M2M 技术将"网络一切（Network Everying）"作为核心理念，旨在将一切机器设备都实现网络化，让所有生产、生活中的机器设备都具有通信的能力，实现物物相连的目的。总之，M2M 技术将加快万物联网的进程，推动人们生产和生活的新变革。

人们在构建 M2M 系统架构时，通常会按照先构建 M2M 终端，再构建 M2M 管理平台，最后构建应用系统的顺序来进行，而要构建的这三个部分也是 M2M 系统架构的主要组成部分。具体来说，M2M 终端的类型有三种：手持设备、无线调制调解器以及行业专用终端。M2M 管理平台拥有多种模块，根据功能的不同，这些模块可划分为数据库模块、网页模块、应用接入模块、终端接入模块、业务处理模块、通信接入模块等。应用系统是将所得的信息进行分析和处理，并根据信息内容制定控制机器设备的正确命令和有效决策。

利用 M2M 技术能让物联网在人类社会生产、生活中得以部分实现，而真正的物联网需要在先实现 M2M 的基础上再进一步地发展。因为 M2M 中的物物相连，通常是人造机器设备的相互连接，这与拥有更广泛意义的物联网中的"Things"有所区别，物联网中的"Things"指的是广义上的物品，它既包括人类生产而来的物品，又包括自然界本身就存在的物品。因此，M2M 中的人造机器设备只是"Things"的一小部分。但这部分却是以现在人类的技术手段更容易实现的物联网的一部分。

如果将物联网比作一个万物相连的大区间，那么 M2M 就是这个区间的子集。所以，实现物联网的第一步是先实现 M2M。目前，M2M 是物联网最普遍也是最主要的应用形式。要实现 M2M，需用到三大核心技术，分别是通信技术、软件智能处理技术以及自动控制技术。通过这些核心技术，利用获取的实时信息可对机器设备进行自动控制。利用 M2M 所创造的物联网只是初级阶段的物联网，还没有延伸和拓展到更大的物品领域，只局限于实现人造机器设备的相互连接。在使用过程中，终端节点比较离散，无法覆盖到区域内的所有物品，并且，M2M 平台只解决了机器设备的相互连接，未实现对机器设备的智能化管理。但作为物联网的先行阶段，M2M 将随着软件技术的发展而不断向物联网平台过渡，未来物联网的实现将不无可能。

2. 物联网应用层中间件的设计方案

物联网中间件是系统软件与应用系统之间的连接件，它的主要功能是利用系统软件的相关功能连接应用系统的有关应用，实现数据资源共享和软件功能共享。

物联网中间件获取了射频识别技术采集来的信息后，会对这些信息进行处理，例如暂存数据、校验数据以及平滑数据等，之后再将处理后的数据传输给应用程序接口，实现数据的有效应用。

物联网应用层的搭建需要建立在一个弹性环境中，如果物联网系统中的某个标准发生改变，或者数据格式发生了变化，需要重新搭建物联网系统，那么我们不需要推翻原有系统，进行颠覆式的改变，只需要调整和修改系统中的中间件便可实现系统中某些应用和功能的升级。这种方法的好处在于，它不会改变物联网数据库的存储方式，可以极大地降低物联网应用系统维护的成本。因此，一个通用的物联网中间件设计方案可以帮助人们解决物联网应用系统中的诸多问题，为相关服务人员和日常应用提供更多更好的服务。

（1）系统机构设计

传统的软件系统是二层结构，随着相关技术的发展，现阶段的软件系统一般都拥有多层结构。而传统的应用系统拥有两种模式，一种是"主机／终端"模式，另一种是"客户机／服务器"模式。其中，"客户机／服务器"模式中的服务器是一个大型的计算机应用系统，而客户机是一个个相互独立的子系统。作为应用系统的存储和管理中心，服务器可以与多台客服机连接，并为它们提供相应的信息服务。而每台客户机也有自我管理和自我服务的功能，这样一来，就能形成一个以服务器为中心，以客户机为单位的完整的应用系统。而在这个过程中，中间件的作用是连接服务器和客户机，因此中间件也是物联网完整应用系统的一部分。然而，随着互联网的发展，物联网的新环境需要新的模式来适应。于是，新的分布式应用系统应运而生，新系统的结构模式包括"瘦客户机"模式以及"浏览器／服务器"模式等。

传统的"客户机／服务器"结构模式之所以无法满足全新物联网的需要，是因为它存在以下弊端：

第一，以客户机与服务器直接相连的模式构建物联网应用系统的安全性比较低，网络黑客可能通过客户机控制服务器，进入中心数据库，进而窃取相关信息，获取不法利益，导致数据丢失或中心数据库瘫痪。

第二，客户机内的程序数量庞大且随时需要更新，如果出现问题，就很容易加大维护工作量，从而增加维修成本。

第三，在网络高峰期，海量的数据使网络流量剧增，造成网络堵塞。

新的分布式应用系统结构是传统结构模式的升级，它由原来的两层结构变化为三层或多层结构。在三层和多层体系结构中，客户机内的软件比较惟一，一般只有表示层软件，而中间件服务器的应用比较多，专门的中间件服务器多用于 Web 服务、实时监控、信息排队以及事物处理等业务逻辑，中心数据库和其他应用系统多设置在后台。分布式应用系统结构中的多层结构包括以下几个层次：

①表示层

表示层的主要作用是：一方面可以交互用户信息，另一方面可以显示数据计算结果。客户端一般由 J2EE 进行规范，它既可以基于 Web，又可以是一个独立的应用系统。若客户端是基于 Web 的应用，则启动浏览器后，用户可以下载 Web 层中的静态 HTML 页面、JSP 动态生成的网页或者 Servlet 动态生成的网页。

② Web 层

JSP 网页、Java Applets 以及 Servlet 共同构成了 Web 层，在组装过程中，创建 Web 组件需要通过这些基本元素通过打包才能实现。

③业务层

业务层中的 EJB 组件是企业信息系统中的代码构件，该构件可用于解决或满足特定商务领域的规则。

④企业信息系统层

该层包括三大系统，即关系数据库系统、大型机事务处理系统、企业资源规划系统。

（2）系统架构

物联网中间件解决方案架构以 SOA 架构为基础，它层层功能明确，每一层都可利用标准接口与其他层交互。该种架构可使组件分离，既可实现应用的可扩展性，又可实现应用的可维护性。与分布式应用系统结构相同，物联网中间件的解决方案架构也可分为四个层次：

①表示层

表示层可为系统提供三类组件，分别是零售店门户组件、配送中心组件、供应商门户组件。这三类组件拥有同样的作用，即作为系统接口。表示层整合了第三方 EIS 和服务，具有灵活的导航系统，使内容管理功能更加方便快捷，同时由于它的外观可定制，可以为不同的用户群体提供个性化的信息感受。

②业务流程层

工作流的所有需要在业务流程层中都有体现，该层可为系统架构提供两种能力，一是减少和消除人工干预的能力，主要用于未完成业务流程时；二是实现业务流程自动化，主要是通过数据源、协调服务与人进行信息交互。业务流程层可为连接 RFID 提供重要接口，用于解决集成问题。物联网中间件的解决方案架构拥有两个关键组件，一个是 RFID 消息总线，另一个是事件模型。作为系统的主要接口，利用这两个关键组件可以实现对系统的连接。其中，RFID 消息总线的作用是为一个或多个接收者传送放置总线中的消息，而事件模型的作用是监听 JMS 事件和 EDI、FTP 等外部源事件。

③服务层

该层的功能有两个，即进行数据处理和执行业务逻辑。常用的服务层组建有定制控件和 EJB，定制控件是 Java 结构，该结构的好处在于，在构建逻辑时可以避免进一步了解复杂的 J2EE，实现意愿操作。服务层可用于获取数据、存储数据以及相关系统之间的信息交互，但一般要依赖集成层才能得以实现。

④集成层

除了 RFID 应用，集成层可以为其他企业应用系统提供访问的功能。物联网中间件解决方案架构中的集成层隐藏了访问复杂性，这种访问复杂性体现在架构高层访问外部系统之中。RFID 应用系统之外的其他外部系统包括信息管理系统（PIM），对象名称服务系统（ONS）以及 EPC-IS 系统，集成层的各种数据库管理系统在对这些外部系统进行访问时存在多样性。例如，集成层可以通过 JDBC 来访问中心数据库，可以通过 LDAP 应用编程接口访问目录服务，可以通过 Web 服务接口实现对 ONS、EPC-IS 等的访问。另外，利用数据引擎、JCA 适配器等也能实现对其他系统的访问。

3. 物联网应用层的功能

物联网结构中的最底层是感知层，而最高层则是应用层。感知层用于获取和收集信息，应用层用于处理和运用信息。作为物联网结构中的最顶层，应用层核心功能是处理和应用，而实现这种功能的平台是云计算平台。显然，应用层和感知层是物联网的核心层级，它们突出了物联网的显著特征。应用层与感知层具有紧密的联系，一个是获取数据，一个是利用数据，它们之间存在因果的关系。应用层一方面可以对感知层所采集的数据进行计算、处理，另一方面也能对这些数据进行知识挖掘、信息挖掘等，其功能实现的最终目的是对世界万物进行控制、管理以及决策。

物联网应用层要处理两个核心问题，分别是数据和应用。从数据上来看，物理网应用层需要把接收到的海量数据进行精准处理和实时管理，让这些数据随时"待命"，一旦人们有需要，应用层就可以随时随地调用这些数据；从应用上来看，只管理和处理数据明显是不够的，还要将这些数据和各种现实事务进行精准配对，把数据内容与各种事务的具体内容紧密联系起来，实现数据和业务应用相结合。

以电力抄表为例，在智能电网中，无需通过人工抄表来获取用户用电信息，通过智能物联网中的传感器便可获取相关信息。在每一家用户的电表上都有一个智能读表器，该读表器其实就是物联网感知层中的传感器。用户用电后会产生用电信息，这些用电信息就由这些传感器来采集和获取，定期采集完用电信息后，读表器会将这些数据汇总，并通过网络发送到电力部门的中心处理器上。在这个过程中，读表器是感知层的传感器，传感器进行的工作就是感知层的工作；而中心处理器是应用层的组件，中心处理器在应用层进行的工作是分析和处理用户的用电信息，并根据信息的具体内容来制定收费方法。

物联网应用层从结构上可分为以下几个部分:

第一个部分是物联网中间件。物联网中间件可以是一个系统软件,也可以是一个服务程序,它能够为物联网应用系统提供各种统一封装的公用能力。

第二部分是物联网应用系统。物联网应用系统涵盖了许多实际应用,例如电力抄表、安全检测、智能农业、远程医疗、地质勘探等。

第三部分是云计算。海量的物联网数据要借助云计算的力量进行存储和分析,云计算的服务类型包括三种,分别是以服务和软件为核心的即服务(SaaS)、以基础架构为核心的即服务(IaaS)、以平台为核心的即服务(PaaS)。

目前,随着网络技术的发展,物联网网络层已经相对成熟,在传感器方面的不断创新,也使物联网在感知层取得了巨大的进步。但是,物联网应用层在技术上却相对落后,现阶段,物联网的相关产品还没有被大量推出。与其他物联网层级相比,应用层可以直接为用户提供具体的服务,是最能影响和改变人们生活的层级,也是实现物联网全面普及的目的层级。

4. 物联网数据融合及管理技术

数据融合和管理技术是物联网应用层的核心技术,也是物联网技术体系的重要组成部分,它们为促进物联网的广泛应用起到了关键作用。由于受到网络的动态特性、感知节点的能源有限性、数据的时间敏感性等诸多因素的影响,人类在物联网数据融合及管理技术方面遇到了越来越多的难题,这也成为了阻碍物联网广泛应用的难题之一。因此,对物联网数据融合及管理技术的探讨一直是国际物联网机构研究的课题。

物联网的数据融合及管理技术包括两个方面,分别是数据融合和数据管理,它们的定义和原理分别是:

（1）数据融合技术

数据融合技术涉及的范围较广，研究的内容较多，且自创始以来，应用于多个领域，其内容的广泛性和形式的多样性使得它很难有一个完整的定义。目前，人们对数据融合所做的较为简单的定义是"利用计算机技术对时序获得的若干感知数据，在一定准则下加以分析、综合，以完成所需决策和评估任务而进行的数据处理过程"。

数据融合技术具有以下三种含义：

第一，所融合的数据覆盖了全频段，具有全空间性。也就是说，它所包含的数据既是多维度的，又是多源头的，可以是数字数据或非数字数据，也可以是确定数据或模糊数据，还可以是全空间数据或子空间数据。

第二，数据具有互补性。就像一群人要共同完成一件事情一样，他们需要分工和互补才能将一件事做好。同样，通过完成相关数据来完成一项功能或应用，也需要数据之间具有这种相关性和互补性。这种互补性呈现在多种方面，可以是机构上的互补，也可以是层次上的互补，还可以是表达方式上的互补。

第三，数据融合区别于数据组合。这是因为，数据融合要求，融合的数据之间具有内部的特性，而这与数据组合的外部特性不符。

数据融合其实就是将多维度的数据先进行系统的关联，然后再做综合分析，最后融合成需要的数据资源。在这个过程中，融合的模式具有多样性，处理的算法具有广泛性，融合的目的是在已有数据信息的基础上，提高数据质量，提取可用知识，从而为物联网的广泛应用奠定基础。由此可见，数据融合需要数据的配对和识别。因此，在研究数据融合时要解决以下多种问题，比如虚假数据的识别、不一致数据的对准、估计目标数据的类型、感知数据的不确定性等。

数据融合的处理过程具有多层次、多方位的特点，在数据融合的过程中，要对具有广泛来源的数据进行检测、相关、综合以及评估。数据融合可以分成三个层次：数据级融合、特征级融合、决策级融合。

①数据级融合

数据级融合属于最低层级的数据融合方式，利用这种方式融合的数据一般是同等量级的传感器所采集的原始数据。将这些同等量级的传感器数据融合后，就可以将多个传感器所采集的同类信息进行归类和打包处理，这样一来，多个同等量级的传感器和单个传感器的识别和处理过程就会相同。

②特征级融合

特征级融合属于中间层级的数据融合方式，这一层级所处理的数据一般是提取后具有明显特征的数据。通过特征级融合，这些数据将会被大幅压缩，这样做一方面可以节省存储空间，另一方面便于数据的实时利用。特征级融合过的数据通常可以作为决策分析的特征信息。

③决策级融合

决策级融合属于最高层级的数据融合方式，这一层级的融合要对特征信息进行进一步的融合判断，进而确定应用决策，并根据信息内容评估决策施行后的结果。

除了三级信息融合外，还有一个层级，即第四层级，这一层级是根据预见的结果对决策过程进行反馈控制。第四层级通常应用于具有反馈环节的物联网应用系统，主要作用是反馈控制或调整信息。

（2）数据管理技术

物联网的数据管理技术，又可以称作分布式动态实时数据管理技术。该技术就是通过代理节点收集兴趣数据，并对客观世界的数据信息进行实时、动态以及综合的管理。数据管理中心会下达感知任务，这些感知任务被下达给各个感知节点之后，感知节点通过采集所需数据来完成任务目标。如此一来，人们不需要了解物联网处理数据的具体方法，只需要在具体实现方法的基础上，对数据的逻辑结构进行相关查询，就能解决实际问题。数据管理一般包括五个方面，分别是数据获取、数据存储、数据查询、数据挖掘以及数据操作。具体来说，物联网数据管理技术具有以下特点：

第一，数据管理技术可以处理感知数据的误差；

第二，在传感网支撑环境内进行数据处理；

第三，物联网信息查询和管理策略既要适应网络拓扑结构的变化，又要适应最小化能量消耗。

现阶段，物理网数据管理中比较优秀的研究成果有两个查询系统，一个是Cougar，另一个是TinyDB。

物联网数据管理技术依赖于传感网络，目前，物联网针对传感网的数据管理结构有四种类型，分别是层次式结构、半分布式结构、分布式结构以及集中式结构。

①层次式结构

层次式结构主要应用于对数据的层次性管理。

②半分布式结构

物联网的感知节点有些具备一定的计算和存储能力，先利用感知节点对捕获的数据进行初始处理，再将处理后的数据传输到中心节点，可以提高传输效率和数据质量。

③分布式结构

该种结构对感知节点的要求较高，需要感知节点具备较高的数据通信、数据存储以及数据计算能力，并且可以对数据查询命令进行独立的处理等。

④集中式结构

这是一种比较简单的数据处理结构，在这种结构中，感知节点会将获取的数据按照某种需要的方式发送到中心节点处，然后由中心节点进行统一处理。这种结构存在较大的弊端，中心节点的容错性较差，很容易使系统性能达到瓶颈。

目前，物联网针对传感网的数据管理系统主要以半分布式结构为研究对象。在该领域的研究中，典型的研究成果有Cougar系统和Fjord系统。

在Cougar系统中，为了避免通信开销过大，数据的查询处理需要在传感网的内部开展，当数据与查询内容相关时才需要从传感网中提取。该系统中的感知节点一方面要对本地数据进行处理，另一方面还要与相邻感知节点进行实时通信，有时还要协助其他感知节点，共同完成查询处理的相关任务等。

Fjord 系统是 Telegarph 的重要组成部分，是一种数据流系统，它最大的特点是具有自适应性。该系统主要由两个部分组成，一是传感器代理，二是自适应处理引擎。Fjord 系统处理查询的基础是数据流计算模型，利用该种系统可以根据计算环境的变化，实时调整查询计划。

5. 物联网的典型应用——智能电网

科技改变生活，物联网的发展使人们的生活发生了翻天覆地的变化，以物联网技术为基础的相关应用也在现实生活中得以实现。其中，物联网在国家电网中的应用最为典型。科学家研究物联网的目的是改善人们的生活方式，提高人们的生活水平和生活质量。因此，物联网的应用层也是最终的目的层级，该层级与人们日常生活紧密相关。于是，物联网的日常应用就成了各大科技公司争相研究的对象，虽然物联网的相关产品并未大量推出，但物联网在某些领域的应用已经卓有成效。例如，为建立健全电力设施，使人们用电更加智能和安全，电力部门致力于打造一个以物联网技术为基础的智能电力系统。要建立这样一个智能电力系统，首先需要建立一个覆盖全面的设备实物标识系统，与此同时，还要结合信息流、价值流、资产流、实物流等，共同实现电力设备、资金链以及电网的永续联动，打造出一个智能管理、智能运行的电力基础网络。

一些电力公司已经开始注重存量资产管理体系与 AM 数据之间的联动，并且将联动数据输入到相关平台进行指标考核。但是这个过程中仍然存在较多的问题，比如资产变动导致的传输数据质量下降等问题。因此，要有效巩固资产联动成果，电力部门需进一步采取措施。

而要解决这种电力领域出现的问题和矛盾，就要采取新的技术手段，物联网在电力系统通信的应用就恰恰满足了这种需求。具体做法是：结合物联网技术的特点和电力系统通信的特点，利用物联网的相关技术手段实现国家电网的智能化管理，将物联网技术应用于电力系统的多个方面，如电力系统应急通信、配网自动化等，从而构建一个智能电网系统。

（1）电力系统应急通信

电力系统覆盖范围广，紧急情况时有发生，而应急通信却受时间、地点的限制，具有不确定性，因此，确定事故发生的具体位置具有随机性，电网维修难度较大。传统的做法是，维修人员通过电力排查来确定事故地点，并检查事故情况，然后通过移动通讯手段，如打电话、发视频等传讯到电力指挥中心，进行统一调度。而如果将物联网技术引入电网之中，电力指挥中心可以借助物联网的视频识别系统对电网的信息状态以及各个电力设备的运行状态进行实时监控，从而实现对电力网络的智能化管理。而一旦出现事故，射频识别系统就会将事故信息及时传送到应急指挥中心，事故现场将被精确定位，人们很快就可以对出现事故的电力设备以及杆塔等基础设施进行及时的抢修。

（2）配网通信

在为高压输变电网配网时，通常会遇到很多问题，例如为 10kV 电压网络配网通常会面临配网机构复杂、网络变动频繁、分支较多、电压等级较多等问题。这就需要在配网自动化方面有所要求。目前，配网通信主要有三个站层，分别为通信子站、配网主站以及区调分站。

①通信子站层

通信子站设置的变电站电压范围在 110kV-220kV 之间，需要连接通信子站层与配网终端的信息连线，比如与 TTU、DTU、FTU 等终端的连接。

②配网主站层

配电主站与通信子站之间的通信层叫做配网主站层，通常情况下，调度数据网承载着配网主站层的相关数据。

③区调分站层

区调分站层是连接配电主站与区调分站之间的通信。该站层的数据同样承载在调度数据网中，与其他站层相比，该层的数据量相对较大。

现代配网通信的主要方式有以下几种：一是光纤通信；二是载波通信；三是无线公共网络通信；四是无线宽带技术通信。相比之下，GPRS、CDMA 等无线公网通信和载波通信的安全性稍弱；光纤通信虽然速度快，但施工难度大、成本也较高，不具备灵活改动能力；无线宽带技术通信虽然可作为配电网的终程，但也会受到恶劣天气、多路反射等因素的干扰。如果将物联网技术应用到电网系统中，不仅可以轻松解决配电终端与配电主站之间的实时通信问题，还能够利用传感器等物联网部件将配电网的所有设备连接起来，形成一个由物联网控制的整体网络，这样，物联网就能实现对电网的远程通信、远程监测以及远程控制。传统的配电通信网只能解决遥信、遥测信息，而物联网除了具备"两遥"信息外，还具备"遥控"的功能。另外，在物联网的控制下，电力部门无需再担心无法解决配电终端较多的问题，物联网的众多传感器将会分散在各个电力终端上，自动完成检测、控制和管理。物联网的灵活性也能实时适应复杂的电网变动，让整个电网系统在处理紧急事务时更加灵活。

实现智能电网需依托物联网的多种技术，比如传感测量技术、远程通信技术、数据融合及管理技术等，而利用物联网技术将能完成电网设备监测、线路检测、远程抄表、节能控制等相关任务。例如，在未引入物联网之前，电缆的埋设、配电房的开关、杆塔的断损等信息需要借助人工才能获取，而在引入了互联网之后，无数的传感器将遍布电网的各个角落，这些传感器将成为感知节点，将各种形式的电力设备和电力设施相互连接，构成统一的网络，实现及时、有效的物物通信。电网的底层信息将在物联网的连接下被实时、动态、高效地传输到电网控制中心，有利于电力部门对电网的有效管理，保证了电力安全的事前预防。

除了能在电网领域发挥巨大的作用外，物联网还能应用于远程医疗、智能家居、环境保护、社会服务管理等多个领域，为人类的发展和进步发挥重要作用。

　　虽然利用物联网技术可以实现电网智能远程控制和管理，但是由于物联网体系尚不健全，一些关键技术上存在技术难点，并且还没有制定统一的规范和标准，要实现物联网的广泛应用，相关部门还需要加大研发力度，投入更多的资金和时间，引入更多的优秀人才。

第六章

物联网传输层的搭建：

怎样设计系统传输层？

物联网传输层的主要作用是通过多种网络方式实现网络数据信息的高效传输和有效控制。相比于网络层，传输层强调的是如何将数据信息更好地进行传输和控制，而网络层强调的是数据信息的联通和处理，对传输部分的重视程度相对较弱。可以说，传输层是网络层的一种辅助层，如果网络层运行良好，能够保证为更高层级提供高质量的服务，那么传输层平时的工作会很少。相反，如果网络层的服务质量较差，传输层就会主动运行，为网络层提升服务质量，从而更好地为更高层级服务。

无线传输和有线传输是传输层的基础传输方式，一些网络技术的兴起，为物联网传输层的搭建创造了良好的环境氛围。例如，低功耗广域网络的崛起为传输低能耗创造了有利条件；电信网、互联网以及电视网三者融合后，将构造一个更大的传输网络，信息的传输范围将扩大到更多的领域；数据总线是一种双向三态形式的总线，其作用是实现精细化的系统信息传输。除了构建这些网络系统外，设计传输层的时间同步协议和分布式调度、分析传输层频谱需求等，也能促进物联网传输层的发展和完善。

1. 物联网传输层频谱需求分析

无线电频谱是支撑物联网存在与发展的基础性资源。在物联网相关标准大发展中，传输层频谱资源的短缺成了资源互联网发展的重要阻碍。通过对物联网传输层的设计以及对传输层频谱的研究，可以解决物联网传输效率低的问题，为物联网的快速普及和发展做出贡献。就目前国际物联网的标准而言，现在还没有一个完整且权威的物联网数据流量模型。但有一点是可以肯定的，物联网的数据流量模型与互联网的数据流量模型不会相同，而与移动通信的数据流量模型也不会相同。

构成物联网需要有海量的数据信息支撑，然而，这并不是说在物联网的数据传输过程中所需的流量和所传输的数据量会很大，相反，在每次传输数据时，可能几十个字节就需要进行一次传输。这是物联网与其他网络传输的最大不同，物联网数据传输更注重实时性，需要全天候传输，才能对物品进行准确的控制。

以物联网的视频传输为例，现阶段，国外比较流行的物联网传输就是视频传输。与物联网的其他传输相比，视频传输模型发展得更加成熟，比如远程医疗、输电线路远程监控等都是比较典型的物联网视频传输案例。在视频传输过程中，对物联网传输层的要求较高，因为在这一应用环节中，物理网对频谱的应用是最多的。物联网数据传输需要解决一个重要问题：在传统的网络结构中，开发商出于商业目的，总是希望在一个网络中汇集更多的客户，但是在物联网传输中，如果一个热点区域汇集了大量的用户，就会引起网络堵塞，使人们获取的物品资源具有差异性。与目前已有的无线通信相比，这些问题会导致物联网对频谱的需求和规划更加复杂。因此，物联网传输方式的复杂性，也让它对频谱的需求和研究拥有更加严格的要求。

国际《IMT-2000 和 IMT-Advanced 的未来发展估计的频谱带宽需求》指出，2020 年，物联网对频谱的需求将得到更大的提升。在先进型市场中，总频率需求将达到 1720MHz，也就是 GATG1 和 GATG2 的需求分别达到 880 MHz 和 840 MHz；在后进型市场中，总频率需求达到 1280 MHz，GATG1 和 GATG2 的需求分别达到 800 MHz 和 480 MHz。另外，在先进型市场中，运营商对物联网频谱总频率的需求为 1980MHz，GATG1 和 GATG2 的需求分别达到 960 MHz 和 1020 MHz；在后进型市场中，运营商对总频率的需求为 1560MHz，GATG1 和 GATG2 的需求分别达到 840MHz 和 720MHz。

在不同的发展阶段，物联网在传输数据时对频谱的要求也不同。关于对频谱的要求，物联网大致可分为三个阶段，分别是机器互联阶段、局域感知阶段以及广域感知阶段。在这三个阶段中，物联网对频谱的需求存在较大差别，频谱的相关应用也有所不同。下面做具体论述：

（1）机器互联阶段

该阶段又被称为 M2M 业务阶段。在该阶段中，物联网的主体通信对象是机器设备，比如汽车、机械手、医疗设备、家电、工厂设备等。这些通信终端的节点比较离散，需要借助传统无线网络的共同作用，才能形成可用的无线物联网络。这种混同承载网络的成本较低，只需要在传统无线通信网络的基础上稍加改动，不需要大量更改网络参数就可实现。物联网是为了完成物与物的沟通，而移动网络是实现人与人的沟通，要使移动网络也能实现物与物的沟通，就需要人们对终端的配置和管理更加深入、严格，才能使网络更加通畅。这一阶段，物联网的频谱矛盾并不明显，因为其主要依托于传统 3G 和 4G 网络的频谱资源。

（2）局域感知阶段

在这个阶段，物联网所连接的物品不再只局限于机器设备之间，而是拥有了更加广阔的范围。随着传感网的逐步引入，物品既可以是机器设备，又可以是公共基础设施建筑，还可以是信号塔、电网等电力设施。这个阶段将在区域布置感知网络，在传感网的帮助下，无线通信网络将进一步延伸，形成更大的区域网络。传感网与无线通信网的融合，将为物联网的广义物物相连打下基础。这一阶段的承载网被叫做"区域承载网络"，作为物联网发展的中期阶段，此阶段扩展迅速，所以承载网对移动通信网的要求会大幅度提升，对移动网络资源将构成巨大的压力。面对这些矛盾和问题，就必须对网络系统进行改造，并通过改造使物与物的通信和人与人的通信相互区别、相互隔离，从而采取不同的措施区别对待，大大缓解网络的压力。在混合组网过程中，需要对分组数据服务节点和鉴权认证等进行分组域升级，以满足支持增强功能后的设备。这种升级对网络的影响较大，但一旦改造成功，将整体上提升物联网的网络功能。随着物联网通信业务的不断增加，物联网的频谱资源缺口不断增大，此时，物联网的运营商一方面要大力挖掘已有频谱资源，另一方面也要研发创造新的频谱资源。这样一来，物联网的频谱需求压力才能从根本上得到缓解。

（3）广域感知阶段

在这个阶段，人们会利用众多的传感器布置公共节点，并让这些节点组成广域网络，实现对物品的广域管理。这一阶段又被称为"独立承载阶段"，是物联网业务规模化发展的阶段。广域感知阶段可能会出现物物通信与人人通信相互干扰的问题，同时，在该阶段，物联网对通讯质量的要求也更高。面对复杂的通信情况，需要用到逻辑隔离的物联网承载网络业务，比如，人们可以在已有网络的基础上建立一个独立的接入网，这样便可以有效地规划其他互联子网，在该种组网方式中，业务数据路由通过 PDSN、AAA 提供。其中，物联网业务中的签约数据由 AAA-M 存储，而 PDSN-M 负责下载签约数据。为实现业务控制，需要将分组控制模块（PFC）接入手机终端，数据业务将被分组控制模块接入 PDSN，而分组控制模块与物联网终端连接，会将各种数据一一传输到各自对应的核心网设备中。

物联网的发展和应用在很大程度上要依赖于频谱资源，但是，相比于其他方面，人们对物联网频谱的研究相对落后，物联网频谱的落后将成为阻碍物联网发展的技术难题。为此，各个国家需要建立健全物联网频谱资源研究机构，争取早日突破频谱资源技术瓶颈，通过挖掘更加丰富的物联网频谱资源，保障国家和地区物联网的发展。

2. 传输层时间同步协议

物联网传输层存在着一个功能性问题，即时间同步问题。时间同步问题具体发生在无限传感网络中，例如，传感网从感知节点获取数据，而在获取这些数据的同时，会相应地记录获取数据的时间和位置，这样才能构成一个有用的信息。相反，如果不能确定采集数据的时间，该数据就不能构成完整的信息，数据对应的物联网应用也十分有限。同时，在物联网传输层的其他方面也需要做到时间同步，比如 TDMA 定时、数据融合、同步休眠等。

因此，设计一种时间同步算法，是解决物联网传输层时间同步问题的重要手段。在设计这种时间同步算法时，需要考虑多种问题，比如成本问题、自组织性、抗干扰性、及时性等。此外，还要结合传感网络的特点，系统地进行相关算法的设计。

（1）通用时间同步设计

时间同步可以从两个方面得以实现，一个是硬件方面，另一个是软件方面。要实现时间同步，就必须了解时间同步的组成部件，也就是重新同步事件检测部件、远程时钟估计以及时钟校准等部件。

通过重新同步事件检测部件来实现时间同步时，既可以借助初始化同步时钟数，又可以借助初始化同步消息。一般来说，一个感知节点在一些情况下会重新调整它们的时钟时间，使不一致的时间重新同步，因此就会用到重新同步事件检测。利用第一种方式进行时间同步，需要将初始化的同步时钟数作为调整时间的依据，在进行时间同步时，需要一个固定的速率 kR，其中，k 是一个实数，且大于 1，而 R 则表示时间周期。利用这个公式，可以有效避免在两轮同步过程中出现时间重叠。第二种方式要求利用初始化消息进行时间同步，具体过程是，使一个较为特殊的网络节点向其他所有网络节点发送一个初始化消息，这样一来，其他所有节点都会根据这个消息进行时间同步校准。如果发送的消息延时过长，时间同步的精度就会越低，反之越高。

远程时钟估计部件可以通过调节一个远程节点的本地时钟来实现节点的时间同步，这里又可采用两种方式，第一种是将远程节点的本地时钟时间通过网络消息向其他节点传输，第二种是节点读取其他远程节点的时间。

时钟校准部件同步时间的原理是：当一个重新同步事件发生后，时钟校准部件就会根据这一事件估计出远程节点的时钟信息，然后进行本地时钟时间调整，最终实现时间同步。

（2）传感器网络时间同步设计

传统的时间同步机制有两种，一种是网络时间协议，另一种是 GPS。但是传感器网络的时间同步设计并没有采用这两种相对成熟的机制，因为这两种同步时间机制的算法相对复杂，组建成本比较高。

在设计传感器网络时间方案时，不仅要考虑时间同步的精确性，还要考虑算法的复杂性，如果算法太过复杂，就会产生过多的电能损耗，这对于传感网络是一个致命的打击。因此，设计传感网络必须同时从精确性和复杂度两方面来考虑。简单来说就是，要在精确性和复杂度之间找到一个平衡点，以便既能保证时间同步的精度，又能降低时间算法的复杂度，从而确保传感网络的高效、持续工作。具体来说，需要从以下几个方面考虑：

①低能耗。传感器网络节点的供电电源无法经常更换，所以，为了节约用电，确保传感器网络能够长时间持续工作，时间同步算法的复杂度要低，这样可以降低能耗。

②精确度。不同的应用具有不同的时间同步精度，对时间同步精度要求不高的应用，只要确保它们正常工作便可，不需要过分要求精度；对于时间同步精度要求在毫秒级以上的应用，要着重进行优化设计，确保精度可行。

③可靠性。传感器网络属于自动化系统网络，很少需要人工干涉，这就要求在恶劣的自然环境下仍能继续工作，而相关网络节点的抗干扰能力足够强，才能保持时间协议的有效性。

④可扩充性。传感器网络中的节点会根据应用的需要进行增添，所以，设计出的时间同步协议要随时能够满足增添传感器节点的需要，同时还要满足高容量、高密度的需要。

⑤及时性。一些应用的时间同步需要在紧急情况下实现，这就要求时间同步协议具有高效执行性，也可以称为"工作及时性"。

⑥成本廉价性。一般来说，传感器节点具有结构简单、尺寸小、成本低廉的特点。而类似 GPS 等设备虽然能实现时间同步，但一方面其体积较大，无法安装在较小的传感器节点上，另一方面，这类设备的成本较高，无法大规范普及，因此，设计传感器网络时间同步算法要遵循成本低、设备尺寸小的原则。

（3）成对节点间的时间同步设计

如果说全网的时间同步是一个整体，那么成对节点间的时间同步就是组成这个整体的单元。例如，节点 A 和节点 B 要实现时间同步，只需要将两者之间的时间数据相互交换便能实现。具体过程如下：

首先节点 A 要在某一时间点 T1 向节点 B 发送一个同步脉冲分组，之后，节点 B 会接收这个脉冲分组，并记录分组到达时的对应时间 T2，而从节点 A 到节点 B 所用的传输时间用 D 表示，则 T2=T1+D。但由于节点 A 和节点 B

的时钟可能出现时间偏差 d，所以最终的 T2=T1+D+d。其中，D 未知，影响其时间长短的因素一般有两个，一个是节点间的传播距离，另一个是无线网络技术的传播特性。

然后，节点 B 也会反馈发射一个分组给节点 A，假设节点 B 发送分组时的时间是 T3，节点 A 接收分组的时间是 T4，则 T4=T3+D−d。

如图所示：

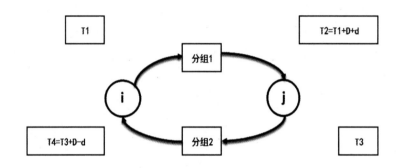

图 6-2-1 成对同步的分组交换

根据对应关系，可以计算出偏差 d 和传输时间 D，公式为：

$$d=((T2-T1)-(T4-T3))/2$$
$$D=((T2-T1)+(T4-T3))/2$$

将计算出的时间差 d 传输以分组的形式传输给节点 B，就可以实现时间同步。但是上述内容的成立必须基于节点 A 和节点 B 之间的传输时间一致，也就是必须保证 D1=D2。然而实际上它们并不相同，仍然会存在同步误差，如果应用对时间同步精度的要求不高，这样的计算就省时省力，且能起到实际作用，否则，还需进一步进行计算。

（4）成对同步误差分析

传输时间由发送时间、传播时间、接收时间以及访问时间构成。

①发送时间。发送时间由两部分组成，一是处理时间，二是缓冲时间，总

体来说就是装配消息的时间。发送时间与传输时间不存在交叉和干扰，这是因为两个时间是分开进行的，发送时间完成后，系统才会为分组加上时间戳。

②传播时间。传播时间受节点间距离的影响，是一个节点通过物理介质向另一个节点传播分组的时间。理论上，传播时间在两个节点间的双向传输时间是一样的。

③接收时间。接收时间符合高斯分布，是节点接收消息后的时间与节点告知计算机的处理时间之和。它的方差为 δ，均值为 0，一般 δ 等于 $11\mu s$。

④访问时间。节点将分组传到 MAC 层，访问信道需要一定的等待时间，这个时间与载波监听的时间之和便是访问时间。其节点发送的分组会经过同一个信道，并在同一个 MAC 传输。因此，访问时间也符合高斯分布，其中的均值也为 0。

通过以上分析可以看出，只有接收时间以及访问时间才是误差的来源。经实验测算，它们的方差最大相差 4 倍，两者同步的概率是 99%，精确度公式为：

$$X=2.3\times 4\times \delta ，$$

$$\delta =11\mu s，$$

$$则\ X=0.1ms。$$

3. 物联网分布式调度

分布式调度问题是物联网中的难点。由于物联网采用的是无线传输信道，传输媒介是电磁波，因此很容易受天气和地理环境的干扰。同时，以无线信道传输数据还会因为传输距离太远而产生信号衰减和信号失真，这些特性决定了物联网分布式调度的复杂性。

传输信号时，电磁波会逐渐衰减，衰减的原因有两个：一是传输距离导致的衰减；二是信号频率导致的衰减。电磁波传输衰减损耗计算公式为：

$$Lp=32.4+20Log（f）+20Log（d）$$

其中，表示信号频率，单位是 MHz，d 表示传输距离，单位是 km。传播信号的损耗随着传输距离的增加而逐渐变大，在密度不同的介质中进行信息传播，传播信号衰减更大，每次穿过撞墙，信号强度便会缩减 10% 左右，信号传播速度会降至原来的 60% ~ 70%。

信号通过无线传输时，也会受到绕射、散射以及反射的影响而导致信号接收差的情况。绕射就是传播信号在无线传输时，如果遇到尖锐的边缘阻挡，就会自动绕过障碍物继续传播的现象；散射是指信号传输时碰到大量比信号波小的障碍物，就会自动射散的现象；而反射现象指的是信号在传输过程中，遇到比信号波长的障碍物会进行反射。

除了上述原因之外，不同的无线信号还会互相干扰，这也是导致信号损耗的另一个原因。而在理想传播路径中，传播的损耗公式可表示为：

$$Lp=10Log（d）— 20Log（hs）— 20Log（hr）$$

该公式中，hs 表示发射端的电线高度，hr 表示接收端的电线高度。一般来说，这两种电线高度与信号的耗损也有关系，在一定范围内，电线越高，信号耗损越小，当电线高度是平时的一倍时，能够减少信号耗损 6dB。现阶段，由于传输数据的量越来越大，基于无线传输的调度算法开始无法满足当前需要，越来越多的大规模无线传输网络开始使用分布式调度算法，因此，分布式算法的设计受到很多通信企业的重视。

（1）图算法调度技术

网络连接关系可以用一个有向或无向图来表示，这样就能以建立图像模型的方式来解决 MAC 层的调度问题。如图 6-3-1 所示：

图 6-3-1 四个顶点的无向图

该图形模型主要由一个边长为 10cm 的正方形构成，假设正方形的每一个顶点都表示一个节点，则该模型中存在四个节点，即图中所示的①②③④。在线路对称的情况下，设每一个节点的传输距离都为 12m。然后，再建立信号干扰模型，如图 6-3-2：

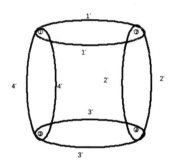

图 6-3-2 形成的链路冲撞关系

图 6-3-2 既表示了链路的连接关系，又表示了形成的链路冲撞关系。

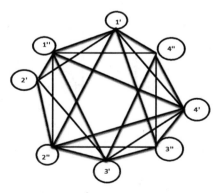

图 6-3-3 形成的链路冲撞关系

图 6-3-3 是一个调度方案，按照寻找最大独立集的方式，可得 {{1'，3'}，{1"，3"}，{2'，4'}，{2"，4"}}。

通过调度节点和 1- 跳干扰模型，得出的合理调度方案之一为 {{1，3}，{2，4}}。在特定情况下，调度问题可以转化为其他种类的问题。例如，如果将节点作为调度对象，模型是 1- 跳干扰模型的情况下，调度问题就可转化成两种问题，第一是图的最大化集成问题，第二是图的点染色问题，而如果将链路作为相应的调度对象，也可将调度问题转化为两种问题，一是图的匹配问题，二是图的边染色问题。图的点染色和边染色问题分别对应 NP 问题和 NPC 问题。调度算法的性能指标有多种，其中，算法的计算复杂度是比较重要的一个。

（2）极大独立集算法分析

极大独立集问题属于 NPC 问题，研究该问题可以实现分布式调度算法。以下是 Schneider 算法的状态转化图：

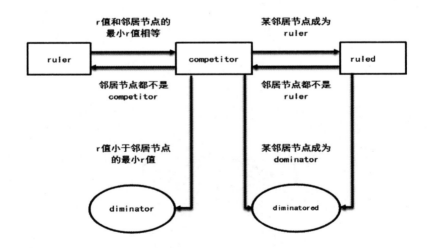

图 6-3-4 Schneider 算法的状态转换图

由图可知，节点的状态有五种，分别用五个英文单词表示：① ruler 表示平衡节点；② competitor 表示竞争节点；③ ruled 表示平衡节点的邻居节点；
④ dominator 表示加入 MIS 的节点；⑤ dominated 表示 dominator 的邻居节点。

在算法的运算过程中，开始时，节点都处于 competitor 状态；结束时，存在两种情况：非极大集中的节点处于 dominated 状态，极大集中的节点则处于 dominator 状态。

网络中的节点会在不同的状态进行不同的工作，当节点处于 competitor 状态时，会与 r 值进行相关比较，然后才自动更新；当节点处于 ruler 状态，节点地址发生转移，重新进入 competitor 状态。最终的结果是所有节点的最终状态不是处于 dominator 状态，就是处于 dominated 状态。

算法执行时，整个过程分成三个层级，第一层级由若干个 stage 组成，第二层级由每个 stage 下包含的若干个 phase 组成，第三层级的每个 phase 由几个 domination 组成。在 domination 阶段，竞争节点会与相邻节点比较 r 值，之后进行自我更新。若一个 phase 阶段中对应的所有 domination 阶段结束，则该 phase 阶段结束；若每个 stage 对应的所有 phase 阶段结束，则该 stage 阶段结束；当所有的 stage 阶段结束时，在 MIS 中的节点会处于 dominator 状态，不在 MIS 中的节点会处于 dominated 状态，最后，算法结束。

4. 低功耗广域网络的崛起

在低功耗广域网络未建立之前，无线传感网主要由多种传统网络共同构成，比如本地射频局域网、Mesh、WiFi 以及蜂窝网络等。但这些现有网络存在较多的弊端，无法满足物联网主流应用的需要，具体原因可归结为以下几种：第一，现阶段的物联网都是按照已有的网络设施进行搭建，因此，现在所谓的物联网应用都是一些迎合低成本概念的、没有大效力的普通应用，物联网相应的网络还无法摆脱有线电源的控制，对电力线和宽带线的依赖性太强。第二，网络覆盖的深度和广度不够，无法满足可任意接入所有节点的需求。有无线接入源的区域才会有相关应用，没有无线接入源的区域，应用无法接入。第三，总体网络成本过高，虽然传感网络中的部分网络发展年限较长，已经相对成熟，在模组出货量上也突破了 10 亿级标准，但是模组的价格却居高不下。例如，一个 LTE 模组的制造成本需要 200~300 元人民币。第四，只有先搭建整体网络，才能搭建并使用 Mesh 网络，而要实现规模经济可行性，则需要在建立本地射频方案时，由企业自身管理、维护相关的无线基础设施。

低功耗广域网络（LPWAN）是公共性网络，其优良的特性和功能可以有效解决构建传统网络时所遇到的四大问题。顾名思义，低功耗广域网络最大的特点就是无线覆盖面积广、能源消耗低，可以促进终端成本向低端化发展，从而为节约整体网络构建成本做出积极贡献。一般来说，低功耗广域网络采用的是窄带网络，但是这并不影响该网络的正常使用。有关研究显示，每月产生 3M 流量的物联网设备只占总物联网设备的 14%，也就是说，有 86% 的物联网设备每月产生的数据流量不足 3M。所以说，传统蜂窝宽带网络虽然能提供较大的数据吞吐量，但大多数物联网设备并不需要，这就为实现低功耗广域网络提供了有利空间。

然而，仍然有一些物联网设备需要高吞吐量的宽带，针对这一问题，我们可以利用高宽带无线解决方案来解决。而大多数情况下，只要使用低功耗广域网络，就能实现大多数传感器的小量级数据传输。在此基础上，广泛连接传感设备和机器，才能构筑未来物联网的宏伟蓝图。

我们当前使用的蜂窝网络成功地实现了人与人之间的语音、视频、数据等多种方式的通信，而要连接物联网设备，实现物与物之间的信息交流，则需要专门构建一个更具智能化的、泛在的、专业程度更高的无线网络。因此，人们对低功耗广域网络的需求是极大的。事实上，传统的蜂窝网络也能成为物联网连接的方案之一，但是，就像 2G 网络一样，它虽然能够担任物联网的部分连接职责，但却并不适合担任物联网的专用网，所以 2G 网络最终的命运是随着物联网的发展而被淘汰，而传统蜂窝网络也将面对同样的命运。

2015 年，三大低功耗广域网络集团在物联网时代的召唤下应运而生，它们分别是 Ingenu、Sigfox 以及 LoRa。因此，这一年被多数物联网专家称为 LPWAN 元年。这三家科技企业都以开发用于物联网的低功耗广域网络产品为核心，并且各种拥有低功耗广域网络的先进技术，其相关产品的诞生也渐渐证明了低功耗广域网络战略的可行性。

目前，一些传统蜂窝网络企业也开始进行低功耗广域网络的开发，这些企业为了使网络达到低功耗广域网络的相关标准而创建了 3GPP 工程。事实上，这种将低功耗广域网络与传统蜂窝网络相结合的方案可行性较低，其中不完善之处在于功耗测量困难、干扰太多、功耗问题得不到确定性解决。一些蜂窝网络企业也承认，将传统的蜂窝网络以现在的技术水平强加在低功耗广域网络之上其实并不合适。

就当前形式而言，未来物联网的宏伟蓝图一定离不开低功耗广域网络。在物联网所有连接网络中，低功耗广域网络的连接功能将起到决定性作用，所占物联网总网络的份额也必将是最大的。未来低功耗广域网的设备连接数量将超过 10 亿级别，而它不仅胜在数量，更胜在质量。这些由低功耗广域网络连接的物联网设备将为人们带来更加高效、高质、实用、丰富、便捷的应用，这些应用的结构将更加简单，类型将更加丰富，最重要的是它们拥有惊人的伸缩性，可以延伸到各个领域。物联网的相关应用将在低功耗广域网络的基础上，从多方面改变人们的生活，这种改变可以是直接的，也可以是间接的。

构建物联网宏伟蓝图的前提条件是构建高效率、低功耗的连接网络。以智能节能汽车为例，如果在一辆汽车上安装传感器，利用高效率、低功耗的连接网络实现数据传输，并最终以分析软件给出最佳节能方案，那么，这样的简单案例就可能创造出巨大的经济效益，使整个汽车产业掀起一场节约能源的变革。根据低功耗广域网络的相关标准，网络的供应电源将拥有更长的使用寿命，网络的覆盖范围将会更加宽广，覆盖层次将更有深度，模块的生产成本将更加低廉，所创造的效益将更加庞大，提供的服务也将更加友好和实用。

5. 物联网 2.0：从物的局域网到物的互联网

目前，物联网还只处于 1.0 时代。虽然物联网领域现在看似很热闹，关于它的数字信息覆盖极广——不仅包括各大媒体的热门新闻、股市里的相关概念股，甚至在政府的文件报告中也能见到它们的身影——但这并不是说，物联网时代已经全面到来。与互联网相比，物联网的应用仍然较少，很多创业者很少以物联网为理念进行创业，市场上的公司也多以互联网企业居多，物联网仍然还只停留在孕育新生的阶段。而设计出一个完美的方案，搭建出一个颠覆性的物联网传输层网络，才能使物联网突破技术的桎梏，真正实现广泛的普及和应用。

1.0 时代的物联网，只是一种概念包装，这种概念包装是传统行业信息化升级的噱头，是一种概念的广告。简而言之，物联网受到传输层技术的困扰，应用的圈子还很小。物联网历经十多年，从最初的 RFID 开始，之后慢慢涉及传感器领域、网络领域、人工智能领域等多种现代化领域范畴。现在的物联网就像上世纪七十年代的计算机，虽然在工业、管理等方面已经拥有了较为典型的应用，但毕竟还只是一个小圈子里的应用。

随着时代的发展，人类开始向物联网 2.0 时代迈进。随着物联网应用不断深入化、精细化、智能化地发展，高效、高质、实时的网络传输标准被搬上历史的舞台，因此，物联网传输层的搭建势在必行。搭建一个完善的物联网传输层可以帮助物联网突破应用的孤岛，高效连接应用设备，促进物联网行业的发展，驱动物联网市场的消费。

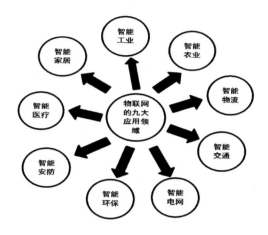

图 6-5-1 物联网的九大应用领域

传统行业信息化是物联网 2.0 的本质内容。物和网是物联网永恒不变的主题，网的作用是传输，能够实现物物信息的沟通和交流。物联网传输层在物联网 2.0 时代，将实现从物的局域网到物的互联网的转变。简而言之，物联网传输层将从多个方面实现对更多领域和更广区域的覆盖。

物联网传输层主要由两种传输方式，一种是有线，另一种是无线。对于物联网产业来说，这两种传输方式没有主次之分，它们拥有同等重要的地位，是相互补充的关系。相比于无线传输，有线传输在工业化和信息化的业务中所占的比例更大。例如，智能楼宇、智能社区等领域的主要传输方式都是有线传输。无线传输突破了电路、电线、电缆的限制，实现了更为方便的信息传输。无线传输的成本低廉，相比于要架设电杆、铺设电缆的有线传输，无线传输节省了大量的人力、物力和时间。不但如此，无线传输还有工程周期短、适应性好、延展性好以及更易维护等优点。

三网融合战略是现阶段物联网传输层的核心战略之一，为实现物联网数据的广泛传输，人们将电信网、互联网以及电视网三者融合，致力于结合中、长距离等有线网络，打造出一个更加强大的综合性物联网传输层。除了联合三大网络外，三网融合战略还会延伸和覆盖到其他网络之中，比如公安专网和国家电网专网。三网融合战略一旦落实，将大幅度提升物联网传输层的整体性能，物联网传输语音、图像、数据等信息的速度和质量也将大幅度提高。

三网融合不是电信网、互联网、电视网三者简单的物理合一，而是三大网络相互渗透，优势互补，进而形成的一个互通互联、无缝覆盖的高层应用网络。三网融合后的网络，将在 IP 协议上完成统一，在经营上有竞争也有合作，在业务上相互交叉和渗透。

除了三网融合技术之外，物联网传输层还将引入现场总线的概念。所谓数据总线，也就是一种多点、串行、数字式的通信方式。这种通信方式的设备一般是现场装置和自动化控制装置，装置的组成原件包括阀门、传感器、变送器、开关以及接触器等。总线的网络节点是控制测量设备，这些控制测量设备被分散在总线网络的各个区域，主要作用是完成测量物体间的互相通信。

有线传输和无线传输是物联网的基础传输方式，三网融合和现场总线是物联网传输层在物联网 2.0 时代的发展趋势，三网融合延伸了物联网传输数据的广度，而现场总线则增加了物联网传输数据的深度。从物的局域网到物的互联网，传输层的基础功能实现了网络间的互动和融合，在优势互补、合作共进的良好氛围下，物联网传输层将在各大网络间的融合中变得更加强大和稳定。

第七章

物联网感知层搭建：

怎样设计物联网的皮肤和五官？

物联网感知层的主要作用是获取目标物体的原始数据，它是物联网其他层级的数据来源。该层是由多种传感器、RFID标签、检测设备等共同构建而成，是物联网获取数据的基础层级。在该层级的支持下，海量的数据由网络层传输到应用层，使应用层拥有足够的数据得以应用，从而实现对世界万物的自动控制。感应层与人们的日常生活息息相关，是物联网三个层级中最贴近人类生产、生活的层级。我们所购买的书籍封面上就有属于物联网感知层的条码标签，各种商品包装上也同样有相应的条码标签，这些标签包含了物品信息，可被计算机识别和翻译，属于物联网感知层的关键技术之一。这种技术极大地方便了人们的生产、生活，人们将在物联网感知层系统的帮助下，高效、高质、安全地获取足量的信息。由此可见，感知层的普及和发展同时也为促进信息化进程做出了巨大贡献。

实现感知层安全、可靠、高效、高质地获取数据一直是科学家不断努力的方向，这一方面的科研成果层出不穷，人们为完善感知层的数据获取能力正在不断创新，不断挖掘相关研究信息，争取创造出更加先进的感知系统。作为物联网的"皮肤"和"五官"，感知层拥有传感器技术、射频识别技术、二维码技术、蓝牙技术以及ZigBee技术等多种信息识别和数据传输技术。感知层在物联网中具有举足轻重的作用，了解感知层的作用和关键技术，学习感知层的工作原理，能够使我们从生活实践中深刻感受物联网为人类生活带来的变化和影响。

1. 物联网感知层如何获取数据

目前，世界公认的物联网层次机构可以分为感知层、网络层以及应用层。其中，感知层是基础层，也是物联网数据信息的重要来源层。作为物联网的核心层级，感知层始终围绕"感知"二字，通过各种传感器遍布各个物体，形成感知节点群，利用 RFID 系统获取物体的状态信息和外部环境信息，并通过传感网络实现数据信息的初步处理和交互传输。

那么，具体来说，物联网感知层是如何获取数据的呢?

物联网的感应层可以覆盖到与人们生活息息相关的各种物品上，比如商品货物、机械设备、物流部件、仓储物品等。通过物联网感知层，一方面可以检测到这些物品，并对这些物品的状态和所处环境的信息进行实时监控;另一方面又能将这些物品相互连接，形成一个可以交互数据信息的整体，实现对这些物品的自动管理。

具体来说，人们要在物品上安装或嵌入无线感知设备，这种设备相当于一种监控设备，但却比监控设备的功能更强。每一个物品上都张贴着一个独一无二的标签，它是物体的身份证明，与物品形影相随、永不分离，通过无线传感网络（WSN）及 GPS 等定位系统，就能确定这个物品的位置信息、实时状态信息以及外部环境信息等。在这个监测的过程中，需要用大量的传感器节点、无线通信方式等形成一个传感网络系统，这个传感网络系统具有多跳性、自组织性、全面性、自发性等多种优良特性。当无线传感网络在世界范围内建立完成后，人类将可能实现对世界万物的完全掌控。感知层可以帮助人们自动感知物体，自动采集物体信息，自动处理物体相关数据，让众多的数据量化、统一化、大数据化，既能实现数据的融合处理，又能实现数据的高效传输和应用。

概括来说，物联网感知层的架构由射频识别系统（RFID）和无线传感网络（WSN）共同构成，射频识别系统（RFID）的主要作用在于识别物体，实现对目标物体的标识，从而便于对物体的有效管理。但是射频识别系统（RFID）并不完美，利用该系统只能在有限的距离内进行物品信息读写，并且该系统的抗干扰能力较差，成本较高。而无线传感网络（WSN）的作用重点在于组织网络，实现对数据的高效、可靠传输，虽然它不具备节点识别功能，但是其结构相对简单，成本较低，所以更容易实施部署。而如果将射频识别系统与无线传感网络结合使用，它们便可优势互补，协同合作，共同推进物联网的发展和应用。

高效、可靠地获取物品数据信息，需要以感知层为基础，全面优化RFID网络的拓扑结构。感知层的大量数据主要来源于射频识别系统（RFID），目前，射频识别系统（RFID）在商品生产、商品运输、公共交通、公共基础设施等领域的应用比较广泛。在商品运输方面，利用该技术可以完善生产链；在商品运输方面，人们利用该技术可以跟踪和追查商品的去向；在公共交通方面，利用该技术可以实时监控来往车辆；在公共基础设施方面，利用该技术可以确保公共施设安全，一旦损坏，就可以及时报警。

射频识别系统（RFID）的建立成本一般比较高，因此，在建立该系统前就要有一个完美的规划。首先，要明确建立该系统的基础目标，即建立RFID读写器网络，而要建立这个网络需要从两个方面着手：一是网络拓扑结构设计，二是网络的合成和实现。在此过程中，还需要考虑多种因素，比如网络的覆盖范围、抗干扰能力、电子标签的覆盖密度、设计成本等。可以看出，要实现这些功能和目标势必会与网络成本预算产生冲突，而要避免这种冲突，一方面要解决搜索空间的问题，另一方面要考虑非线性优化的问题。通常来说，在设置射频识别系统的无源标签时，要从以下几个方面考虑：

（1）阅读区域重叠

当阅读区域重叠时，对应的标签才能被正常检测，但在阅读区域重叠的同时，标签检测也可能会受到其他阅读器的干扰，这样一来，识别数据就会在阅读区域产生激烈的碰撞。为了尽量避免这种碰撞，需要利用验收阈值对重叠区域进行整体测量。这个测量的过程涉及到两个概念，分别是 CRatio 和 CArea。CRatio 是覆盖率，每个阅读器所允许的重叠量都是有严格规定的，这种阅读器允许的重叠量就是所谓的覆盖率（CRatio）。另外，候选阅读方式的总覆盖面积可以用 CArea 表示。

（2）丢弃无用阅读器

并不是所有的阅读器在特定的重叠区域内都是有必要的，一些无用的阅读器虽然同样满足重叠区域的参数布局，但它们可能并不覆盖任何标签，因此，为了减少系统负担，在设计时要将这些无用阅读器舍弃。在这个优化过程中，尽量减少无用阅读器是重要的研究课题。

（3）覆盖标签的数量

部署射频识别系统的主要目标是检测并获取所有标签的物理地址，而破译地址的前提是覆盖标签，这就需要在实际的应用中考虑以下三种情况：第一种情况是将一个均匀的概率分布与所探测的标签结果进行相互关联；第二种情况是将圆形区域中心在阅读区域内进行定义，定义的依据是探测标签的变量概率，按照经验，其探测概率为 90%；第三章情况与第二种情况类似，只在经验探测概率上有所差别，其经验探测概率为 10%。

（4）设置零冗余阅读器

设置和部署区域外的阅读器需要通过大量的方案进行整体评估，而评估的关键点在于限制待覆盖区域的阅读器。这是因为，既定边界内的阅读器数量一且超标，就会产生冗余，而阅读器冗余容易影响整体设计方案。当多个阅读器覆盖了一个相同的标签时，多出来的阅读器就是冗余阅读器，冗余阅读器会产生无用的操作和不必要的费用。而解决这一问题的首要步骤是通过技术手段测量出冗余的阅读器，具体做法是通过相关实验，先观察和分析每一个阅读器探测到的所有标签集合，然后利用计数时间确定冗余阅读器，最后实现阅读器零冗余。

射频识别网络是物联网海量数据的重要来源之一，而阅读器是读取数据信息的关键器件，如何有效地放置和部署阅读器，将影响着物联网数据的有效获取。在阅读器获取物品信息的过程中，需要尽可能地考虑让一个阅读器读取多个标签的信息，同时，还要避免这些信息在由阅读器读取的过程中产生不必要的冲突。根据以上四个方面的总结分析，合理优化设计 RFID 网络的拓扑结构，将在阅读器获取信息时极大地减少信息冲突，从而更高效、高质地获取物品数据。

2. 感知层：物联网的皮肤和五官

如果将物联网系统比作人体，那么，物联网的感知层就相当于人的皮肤和五官。人在感知外界信息时，需要用到嗅觉、听觉、视觉、触觉等感觉系统，感官和皮肤获取外界信息后，经由神经系统传至大脑，并由大脑进行分析判断和处理，大脑做出决策之后，会传达反馈命令指导人的行为。与之相同，物联网感知层的主要功能也是获取外部数据信息，经由传感网络，汇集海量数据到物联网网络层，网络层借助传输层网络将数据传输到物联网应用层，最后，物联网应用层利用感知数据为人们提供相关应用和服务。

与人相比，物联网感知层所感知的信息范围更加广阔。例如，人对温度的感知范围有限，在较小的温度范围之内，人的触觉无法感知温度的微小变化，而一旦超过人类忍受温度的极限，就需要借助具有温度传感器的电子设备的帮助。在一个由计算机控制的自动化装置中，计算机相当于人的大脑，但是仅仅有大脑还不够，还需要有能感知外界信息的五官，才能构成完整的反馈系统，从而代替人进行劳作。

传感器可以感知外界环境信息，是一种检测信息的电子装置。在物联网感知层中，传感器得到了广泛的应用，它们就相当于人的皮肤和五官，可以为物联网提供海量的数据信息。在检测到物体信息之后，各种形式的传感器会将所获得的数据转换成电信号的形式，统一发送到物联网络中，实现信息的传输、处理、存储、控制以及决策。物联网最终是要实现对物品的自动检测和自动控制，而感知层的传感器就是实现这一目的首要装置。在物联网系统中，传感器被统一称为物联网传感器，它们不仅可以进行物品信息的采集，还能对获取的数据进行简单的处理和加工。物联网传感器既可以单独存在，也可以与其他设备连接，它在感知层中具有两方面的作用，一个是信息的采集，另一个是数据的输入。

未来的物联网系统是由一个个传感器构建而成的网络系统，各种功能和形式的传感器将共同成为传感网络的组成部分，在物联网的前端进行信息采集工作。

传感器的种类十分丰富，但总体来说，可分为三大类，即根据物理量、输出信号和工作原理的性质进行具体划分。例如，根据物理量进行划分，可以分为压力传感器、温度传感器、湿度传感器、速度传感器、加速度传感器等。

一般来说，物理传感器是根据物理效应来工作，比如压电效应、离化效应、极化效应、光电效应、热电效应、磁电效应等。化学传感器通常是根据化学原理进行工作，比如化学反应、化学吸附、化学净化等。无论是物理传感器，还是化学传感器，它们都是将被测信号的变化转化成电信号的。

那么，传感器的工作原理具体是什么呢？举例来说，如果将±15V电源用于传感器，就会使传感器的晶体振荡器发生震荡，从而产生400Hz的方波，这种方波在激磁电路中传播，之后由TDA2030功率放大器调节方波功率，进而将电源变为交流激磁功率电源。如果方波通过能源环形变压器传播，则其经由的路线是从初级线圈到次级线圈，其中初级线圈具有静止特性，次级线圈具有动态旋转特性。在此过程中，直流电会变成交流电，之后再由整流滤波电路进行处理，最终得到 ±5V 的直流电源，电压也降为 ±5V。这种电源服务于 AD822 运算放大器，AD589 与 AD822 共同组成 ±4.5V 的电桥电源，同时也是转化器或者放大器的工作电源。一旦弹性轴被扭转，这种变化就会转化成电信号，在电路滤波、整形之后，所产生的频率信号就会以与弹性轴的扭矩按照一定比例呈现，从而实现感应和采集数据。通常来说，物理传感器在物联网中的应用比其他传感器更广泛。化学传感器由于可靠性较低、规模化生产困难，价格也比较昂贵，因此被使用的情况较少。

传感器具有两种特性，分别是静态特性和动态特性。传感器的静态特性，其实指的是静态输入信号、输入量以及输出量二者之间的关系，由于输入量、输出量不受时间影响，一般情况下，人们会用一个代数方程来表示传感器的静态特性，而在这个代数方程中不存在时间项；也可以用输出量做纵坐标，输入量做横坐标的特性曲线来表示。静态特性中的参数包括迟滞、灵敏度、线性度以及分辨力等。

传感器的动态特性体现在输入和输出之间，也就是在其他条件不变的情况下，输入变化后的输出的反应特性。实际上，在获悉传感器的动态特性时，人们往往会对传感器输入一些标准的信号，之后通过观察输出信号的响应来了解动态特性的具体内容。例如，阶跃信号、正弦信号都是比较常用的测量传感器动态特性的标准输入信号，因此，阶跃响应与频率响应可用来描述传感器的动态特性。

在选择物联网传感器时，需要考虑多种因素，比如成本、灵敏度、测量范围、响应速度、工作环境等。随着物联网的发展，传感器也越来越智能化。传感器不仅可以采集或捕获信息，还具备了一定的信息处理能力，其称呼也随之改变，被叫做"智能传感器"。这种传感器携带有微处理机，功能也远非传统传感器可比。相比于传统传感器，智能传感器具有以下三个优点：第一是精度大幅提高，成本却普遍降低；第二是具有自动编程和自动处理的能力；第三是功能多样化。

　　未来，物联网传感器将向着以下六个方向发展：

　　（1）精度越来越高，可测量物体的极微小变化；

　　（2）可靠性越来越强，测量范围大幅提高；

　　（3）更加微型、小巧，甚至可以进入生物体内或融入生物细胞；

　　（4）向着微功耗方向发展，在没有电源的情况下，可以自身获取能源持续工作；

　　（5）数字化程度变得更高，智能化明显；

　　（6）构成物联网络，网络化发展不可阻挡。

3. 条码：物联网的第一代身份证

　　物联网条码技术广泛应用于商品识别、图书管理、工业生产、仓库存储、交通运输等领域。作为一种自动识别技术，条码通常由一些黑白相间的条纹构成，这些条纹的宽度不一，以某种编码规则排列，其中蕴含了一组可被识别的信息。简单来说，条码就是一种含有信息的图形标识符，这种标识符被贴于商品等的内部或外部，当人们通过红外线扫描这些标识符时，就会了解商品的有关信息。商品条形码所包含的信息多种多样，可以是商品的生产地点、生产日期、制造厂家、商品名称、商品类别等。条码是物联网的第一代身份证，这种自动识别技术使物联网的局部实现成为可能。相比于人工识别，这种技术效率高、成本低、安全可靠，在初级阶段的物联网中发挥了重要作用，为促进物联网的普及和应用做出了卓越贡献。

　　条码一般有三个组成部分，分别是条、空和字符。其中，"条"通常是黑色的条纹，该条纹对光的反射能力较低，而"空"的部分通常对光的反射能力更高，对应字符部分主要是阿拉伯数字。通过红外线设备的扫描，条码很容易被连接计算机的红外线设备识别，并由计算机将扫描的信息转化成二进制或者十进制信息。每一件商品的条码都是惟一的，不可能存在同样编码的不同商品。而要实现商品与条码一一对应的关系，往往需要建立一个条码数据库，这个条码数据库是建立在网络云中，只要计算机识别出条码，就能通过调用数据库与之配对，实现信息再现。

条码最流行的用法是商品条形码，商品条形码在一定程度上实现了商品信息的连接，这也是物联网的重要组成部分。前缀码、制造厂商代码、商品代码以及校验码共同组成了商品条形码，前缀码是由国际物品编码协会编制，代表了商品的生产国家或生产地区，例如，00 代表的是美国，69 代表的是中国。制造厂商代码一般由物品编码机构制定，这些机构可以是国家性的，也可以是地区性的，在中国，制造厂商代码就是由中国物品编码中心编制的代码。商品代码的制定比较灵活，主要赋权机构是产品生产企业，商品代码主要用来识别商品类别和名称等。商品条形码的最后一位是校验码，其作用是验证条形码中对应数字的正确性，主要是从商品条形码左边开始的前 12 位数字。商品条形码中的深色条码和浅色空码是供识别设备扫描读取的，而由阿拉伯数字组成的对应字符是供人们肉眼识别，并通过手动输入数字向计算机问询的。也就是说，条空所表示的商品信息与对应字符表示的商品信息相同。

计算机与信息技术的发展和应用，让条码技术应运而生。如今，物联网登上了人类科技史的舞台，条码技术将放出更大的光彩，照亮物联网发展的道路。

总体来说，一个条形码要变成可读信息需要经历两个过程，第一个过程是扫描，第二个过程是译码。在扫描条形码时，条形码扫描器携带的光源会照射到条形码上，条形码上的黑色部分具有吸收光波的特性，白色部分具有反射光波的特性，这样一来，明暗相间的光就会反射到光电转换器上，光电转换器会根据这些光的强弱信号，将光信号转换为电信号。

由于扫描原理的不同，扫描器的种类也不止一种，市场上比较流行的扫描器有四种，分别是影像扫描器、红光 CCD 扫描器、光笔扫描器以及激光扫描器。扫描前期获取的电信号比较弱，因此需要增强电信号，以便更准确地传输。而增加电信号强度就需要用到放人电路，放人电路一般在条码扫描器中就有配备。增强后的电信号还需要经由整形电路进一步转换成数字信号，才能最终被破译。从日常的商品条形码中，我们可以看出，条形码黑条和白条的宽度并不一致，这也使得二者所获得电信号的时间有长短之分。在译码过程中，脉冲数字电信号以 0 或 1 的形式呈现，译码器只需测量 0 和 1 的数量，就能获知条形码"条"和"空"的数量，从电信号持续时间的长短上可获悉"条"和"空"的宽度。然而，即使得到了条形码"条"和"空"的数量和宽度，所得到的数据仍然不具有直接的信息价值，还需要进一步根据编码规则兑换数字、字符信息，才能在计算机的帮助下完整识别物品信息。

简单描述条形码的扫描原理就是；"扫描器利用自身光源照射条形码，再利用光电转换器接受反射的光线，将反射光线的明暗转换成数字信号"。

条码的编码规则具有以下几个特点：

（1）惟一性

一种类型的产品拥有惟一的条码，这个条码和人的身份证具有相同的作用，拥有独一无二的特性。如果同一种产品具有不同的规格，那么该产品的条码就会不同，制定依据是产品的各种不同性质，比如重量、气味、颜色、形状等。

（2）永久性

条码一旦被制定将会永久不变，因此具有永久性。如果一种商品因为某种因素而停产，那么该商品所对应的条码将会永久搁置，不会再重复使用，即使有类似的产品出现，也只能重新制定条码。

（3）无含义性

一种产品更新换代后可能产生多种类型的产品，千千万万的产品需要海量的条码，因此，为了确保条码的容量足够大，一般使用无含义的顺序码。

条形码中的校验码可以通过固定的公式计算得到，按照条形码的编序规则，从右往左的序号为"1，2，3，4……"要获得条形码的校验码，首先要从序号2开始，将4、6、8、10等偶数序号位上的数字相加，然后乘以3；接着将3、5、7、9等奇数序号位上的数相加，用所得的和与前一步骤求得的积相加在求和，接下来再用10减去所得数字的个位数就可得到校验码。

举例来说，如果要计算条形码987268131702X（X为校验码）中的校验码，其具体步骤为：

第1步：2+7+3+8+2+8=30

第2步：30×3=90

第3步：0+1+1+6+7+9=24

第4步：90+24=114

第5步：10−4=6

所以，校验码X=6，此条形码为9872681317026。

4. 物联网的感知层包括哪些技术

物联网感知层的关键技术包括传感器技术、射频识别技术、二维码技术、蓝牙技术以及ZigBee技术等。物联网感知层的主要功能是采集和捕获外界环境或物品的状态信息，在采集和捕获相应信息时，会利用射频识别技术先识别物品，然后通过安装在物品上的高度集成化微型传感器来感知物品所处环境信息以及物品本身状态信息等，实现对物品的实时监控和自动管理。而这种功能得以实现，离不开各种技术的协调合作。

（1）传感器技术

物联网实现感知功能离不开传感器，传感器的最大作用是帮助人们完成对物品的自动检测和自动控制。目前，传感器的相关技术已经相对成熟，被应用于多个领域，比如地质勘探、航天探索、医疗诊断、商品质检、交通安全、文物保护、机械工程等。作为一种检测装置，传感器会先感知外界信息，然后将这些信息通过特定规则转换为电信号，最后由传感网传输到计算机上，供人们或人工智能分析和利用。

传感器的物理组成包括敏感元件、转换元件以及电子线路三部分。敏感元件可以直接感受对应的物品，转换元件也叫传感元件，主要作用是将其他形式的数据信号转换为电信号；电子线路作为转换电路可以调节信号，将电信号转换为可供人和计算机处理、管理的有用电信号。

（2）射频识别技术

射频识别的简称为 RFID，该技术是无线自动识别技术之一，人们又将其称为电子标签技术。利用该技术，无需接触物体就能通过电磁耦合原理获取物品的相关信息。

物联网中的感知层通常都要建立一个射频识别系统，该识别系统由电子标签、读写器以及中间信息系统三部分组成。其中，电子标签一般安装在物品的表面或者内嵌在物品内层，标签内存储着物品的基本信息，以便于被物联网设备识别；读写器有三个作用，一是读取电子标签中有关待识别物品的信息，二是修改电子标签中待识别物品的信息，三是将所获取的物品信息传输到中央信息系统中进行处理；中央信息系统的作用是分析和管理读写器从电子标签中读取的数据信息。

（3）二维码技术

二维码（2-dimensional bar code）又称二维条码、二维条形码，是一种信息识别技术。二维码通过黑白相间的图形记录信息，这些黑白相间的图形是按照特定的规律分布在二维平面上，图形与计算机中的二进制数相对应，人们通过对应的光电识别设备就能将二维码输入计算机进行数据的识别和处理。

二维码有两类，第一类是堆叠式／行排式二维码，另一类是矩阵式二维码。堆叠式／行排式二维码与矩阵式二维码在形态上有所区别，前者是由一维码堆叠而成，后者是以矩阵的形式组成。两者虽然在形态上有所不同，但都采用了共同的原理：每一个二维码都有特定的字符集，都有相应宽度的"黑条"和"空白"来代替不同的字符，都有校验码等。

二维码具有较多的优点：

第一，编码的密度较高，信息容量很大。一般来说，一个二维码理论上能容纳 1 850 个大写字母，或者 2 710 个数字。如果换算成字节的话，可包含 1 108 个；换算成汉字，能包含 500 多个。

第二，编码范围广。二维码编码的依据可以是指纹、图片、文字、声音、签名等，具体操作是将这些依据先进行数字化处理，再转化成条码的形式呈现。二维码不仅能表示文字信息，还能表示图像数据。

第三，容错能力强，具有纠错功能。二维码局部沾染了油污，变得模糊不清；或者由于二维码被利器穿透导致局部损坏，在这些极端情况下，二维码都可以正常识读和使用。也就是说，只要二维码损毁面积不超过 50%，都可以利用技术手段恢复原有信息。

第四，译码可靠性高。二维码的错误率低于千万分之一，比普通条码错误率低了十几倍。

第五，安全性高，保密性好。

第六，制作简单，成本较低，持久耐用。

第七，可随意缩小和放大比例。

第八，能用多种设备识读，如光电扫描器、CCD 设想设备等。方便好用，效率高。

（4）蓝牙技术

蓝牙技术是典型的短距离无线通讯技术，在物联网感知层得到了广泛应用，是物联网感知层重要的短距离信息传输技术之一。蓝牙技术既可在移动设备之间配对使用，也可在固定设备之间配对使用，还可在固定和移动设备之间配对使用。该技术将计算机技术与通信技术相结合，解决了在无电线、无电缆的情况下进行短距离信息传输的问题。

蓝牙集合了时分多址、高频跳段等多种先进技术，既能实现点对点的信息交流，又能实现点对多点的信息交流。蓝牙在技术标准化方面已经相对成熟，相关的国际标准已经出台，例如，其传输频段就采用了国际统一标准 2.4GHz 频段。另外，该频段之外还有间隔为 1MHz 的特殊频段。蓝牙设备在使用不同功率时，通信的距离有所不同，若功率为 0dBm 和 20dBm，对应的通信距离分别是 10m 和 100m。

（5）ZigBee 技术

ZigBee 指的是 IEEE802.15.4 协议，它与蓝牙技术一样，也是一种短距离无限通信技术。根据这种技术的相关特性来看，它介于蓝牙技术和无线标记技术之间，因此，它与蓝牙技术并不等同。

ZigBee 传输信息的距离较短、功率较低，因此，日常生活中的一些小型电子设备之间多采用这种低功耗的通信技术。与蓝牙技术相同，ZigBee 所采用的公共无线频段也是 2.4GHz，同时也采用了跳频、分组等技术。但 ZigBee 的可使用频段只有三个，分别是 2.4GHz（公共无线频段）、868MHz（欧洲使用频段）、915MHz（美国使用频段）。ZigBee 的基本速率是 250Kbit/s，低于蓝牙的速率，但比蓝牙成本低，也更简单。ZigBee 的速率与传输距离并不成正比，当传输距离扩大到 134m 时，其速率只有 28Kbit/s，不过，值得一提的是，ZigBee 处于该速率时的传输可靠性会变得更高。采用 ZigBee 技术的应用系统可以实现几百个网络节点相连，最高可达 254 个之多。这些特性决定了 ZigBee 技术能够在一些特定领域比蓝牙技术表现得更好，这些特定领域包括消费精密仪器、消费电子、家居自动化等。然而，ZigBee 只能完成短距离、小量级的数据流量传输，这是因为它的速率较低且通信范围较小。

ZigBee 元件可以嵌入多种电子设备，并能实现对这些电子设备的短距离信息传输和自动化控制。具体来说，它具备了以下多种特点：

①网络容量大。由于 ZigBee 设备可以实现与 254 个网络节点相连，在加上其本身设备的基础，每个 ZigBee 网络能同时服务于 255 台设备。ZigBee 网络不仅支持星形、簇形等网络结构，还支持其他复杂的网状网络结构。

②速率低，近距离。其通信速率最低为 10 Kbit/s，最高为 250Kbit/s，传输范围在 10m 与 134m 之间。如果相邻节点间的 RF 发射功率增加，其信息传输范围最远可达 3km 左右，在利用路由的情况下，其节点间的通信范围将会更大。

③成本低。ZigBee 的协议比较简单，功率低至蓝牙的十分之一，因此，ZigBee 对通信控制器的性能要求较低，这样一来，只需利用性能不高的 8 位微控制器就能实现数据测算。另外，ZigBee 的子功能节点代码只有 4KB，在使用 ZigBee 协议时不需要支付专利费用，因此，成本较低。

④低功耗。ZigBee 网络工作周期短，通信循环次数少，以该种网络连接成的设备一般只有两种状态，即睡眠状态和激活状态。举例来说，要使 ZigBee 设备工作半年以上，只需消耗两节普通五号干电池的电量。

⑤可靠性高。ZigBee 网络拥有信息碰撞避免机制，这种机制预留了专用数据间隙，可以避免数据冲突和碰撞，提高了 ZigBee 网络的整体可靠性。

⑥短延时。一般情况下，ZigBee 网络的延时范围为 15~30ms，一些对延时比较敏感的应用软件可以在这样的延时内进行正常工作。

⑦安全性高。ZigBee 传输网络之所以具备较高的安全性，是因为该技术采用了三级安全模式。第一级安全模式为无安全设定，第二级安全模式是基于控制清单的防数据泄露机制，第三级安全模式是高级对称密码设置，如 AES-128 加密算法。为了保证数据的完整性，ZigBee 还具有鉴定和检查数据的功能。

5. 感知层在物联网中的重要性

感知层是物联网的根本，没有这个根本，所谓的物联网就无从谈起。要实现对世界万物的联接，就必须先掌握世界万物的相关信息，而如何获取世界万物的相关信息，则是物联网感知层的职能所在。因此，感知层被认为是物联网的根本。人类生活在两个平行世界之间，一个是信息世界，一个是物理世界，而物联网感知层则是沟通这两个世界的纽带。物联网感知层由一个个感知设备构成，这些感知设备又可被称为感知节点，包括 RFID 芯片、GPS 接收设备、传感器、智能测控设备等，主要作用是识别和感知物品的信息及外部环境的信息。

具体来说，感知层是智能物体和感知网络的集合体，其中，智能物体上贴有电子标签，可供感知网络进行识别。同时，智能物体上还可装有多种传感器，这些传感器可以感知物体的状态信息及外部环境信息，在捕获数据信息后，感知网路就会发挥信息传输、交互通信的作用。

实际上，在日常生活中，我们时常可以与感知节点有所接触。例如，在智能电网中装有传感器的变电器可被看作一个感知节点，装有智能传感器的汽车、公共场所的监控器、声控电灯等也是感知节点。可以说，装有传感器和 RFID 标签的所有物品都可被看作一个感知节点。感知节点是物联网网络层的重要基础单元，它的特性可以影响到整个物联网网络。感知节点决定了感知层在物联网中的重要程度。物联网与互联网之所以存在较大的区别，主要在于它们在感知层上存在较大区别。从感知节点和感知数据的角度出发，可以说明感知层在物联网中的重要性。

（1）感知层对物联网生命周期的重要性

物联网的生命周期与感知层中的感知节点紧密相关。我们知道，传感器、RFID 标签以及各种测控设备共同组成了物联网感知层。传感器的造价决定了物联网能否在多个领域广泛普及，这就要求传感器尽可能结构简单、体积更小，只有这样，其造价成本才会有所降低。而这些特性又决定了传感器必须使用小型电源才能满足供电需求，但是电源体型小往往电量存储也会小，这样一来，设置在野外环境中的传感器就很容易因为电量不足而无法进行长时间工作，从而影响物联网的生命周期。

（2）感知层对物联网应用价值的重要性

感知层所采集的数据是原始数据，原始数据的特点是实时、有效以及准确。在正常情况下，这些从感知层采集来的数据需要被充分利用，才能体现其价值。物联网的目的是应用数据，这种功能的最终实现层级是物联网应用层。如果感知层所获取的数据质量不高，那么，无论网络层所传输的感知层数据多么及时，多么高效，经过多么精密的计算和深度挖掘，都不可能在应用层中得出正确的结论。由此可见，由感知层的感知节点获取的数据质量将极大地影响应用层的最终决策结果。

（3）感知层对物联网覆盖能力的重要性

在物联网的实际应用中，如果我们要实现对某一区域的地质勘探工作，就需要在目标区域设定相应的传感器，组成无线传感网络来检测这片区域的地质情况。在这个过程中，我们只能在安装了传感器的区域进行勘探工作，而无法获取未安装传感器的地区的地质信息。同理，假设在机场建立一个物联网安全防控系统，那么在传感器未覆盖的区域一旦出现紧急情况，这个安全防控系统的作用就会失效。因为感知节点的分布范围较小使得区域物联网系统的覆盖范围有限，无法做到全方位监控。由此我们可以看出，感知层在很大程度上决定了物联网的覆盖能力，所以，拥有一个覆盖全面的感知层网络，才能实现一个覆盖全面的物联网应用系统。

（4）感知层对物联网安全的重要性

物联网感知层充斥了海量的数据，这些数据包含了多个方面的信息，例如国家军事部署信息、先进武器制造信息、重要政要活动信息等。如果这些信息在感知层就受到不法分子的干预和操纵，就很容易致使整个物联网系统存在安全隐患，甚至会导致国家信息泄露。因此，感知层的安全是国家物联网安全的重要一环，该层的数据安全防范能力将决定整个物联网系统的信息安全防范能力。

从整体上看，感知层是物联网的"五官"和"皮肤"，如果感知层无法保证规范和安全，物联网的能力将大打折扣，甚至在一些特殊情况下，物联网将不再是造福人类的优良工具，而会变成损害人们利益的"自残之剑"。科技是一把双刃剑，物联网的感知层决定了这把剑的剑锋的朝向。

第八章

物联网安全：

怎样设计物联网安全体系架构？

物联网并不是凌驾于现有技术之上的颠覆性革命，而是当前高端技术的融合应用。物联网的核心是网络，是在互联网基础上的延伸和创新，所以，物联网除了具有传统互联网所存在的安全问题之外，还具有一些与互联网不同的特殊安全问题。物联网的目标是实现万物互联，比传统互联网时代的信息量大得多，加之物联网的应用领域和人们的日常生活息息相关，呈现大众化、平民化的特征，因此，物联网安全事故的危害远远超过互联网。

研究物联网安全问题，要从其基本层次和架构开始，其感知层、网络层和应用层时刻面临着安全隐患。设计物联网的安全系统不能一概而论，要从各个层面可能出现的威胁出发，利用不同的设备和技术，有针对性地进行防御和反治；此后再从整体出发，找出各种安全系统存在的共性，将其看成一个大的体系，实现对物联网安全问题的总体把握。

1. 保护感知层：射频识别系统的控制与加密

感知层处在物联网结构的最底层，包括射频识别技术、条码识别技术、图像识别技术以及各种网络和路由技术。其中，射频识别技术的安全尤为重要，使用该技术的智能机车系统，可以利用终端自由的开关门，在百米之内了解汽车的安全情况。但这看似精密的系统也很容易产生漏洞，优秀的黑客可以通过监听终端设备的通信信号加以模拟，复制出同样可以打开车门的电子钥匙。同理，安置在我们家庭的、方便我们生活的智能监控设备和传感器也很可能会被人利用，比如监控我们的生活，甚至在网上泄露我们的隐私，这是相当可怕的。那么，怎样了解射频识别攻击，又怎样防御和反制呢？

黑客攻击射频识别系统的目的主要有获取信息、非法访问、篡改数据和扰乱系统，攻击方式也是多种多样，有被动攻击、假冒攻击、病毒攻击和破坏性攻击。当然，无论黑客使用何种方式攻击，都是针对射频识别系统所存在的缺点和漏洞进行的：一是射频标签，该组件为了满足需求，必须要具备低功耗、低成本的特点，加之使用环境难以控制，就很容易被黑客伪造、篡改和实施破坏；二是阅读器，该组件的可控性差，容易被人盗窃、复制和滥用，而且阅读器的软件需要定期升级，如果不加以保护，很可能会被盗取密匙。

因此，我们在设计射频识别系统的时候，一定要考虑以下几个技术方面的问题：一是算法复杂度；电子标签的一大特点就是快速读取，这要求算法要在保证安全的同时，不占用过多的计算周期，也就是不能使用高强度加密算法，无源电子标签的内部最多有 2 000 个逻辑门，而普通的 DES 算法需要 20 000 个逻辑门，即便是轻量级的算法，也需要 3 500 个逻辑门，如何选取合适的算法，是一个重要研究课题；二是密匙管理，在射频识别系统中，无论是门禁管理还是物流，其电子标签的数量都是 100 起步，如果将每个电子标签的密匙设置成惟一，在增强了安全的同时，也增大了管理的难度，反之，如果同系列商品的密匙都相同，那么，当一个密匙被窃取，那与之相关的所有商品都会受到威胁。除了以上需要考虑的方面外，对传感器、射频标签、读写器等设备的物理保护也是非常有必要的。

目前，关于射频识别技术的安全研究成果主要有访问控制和数据加密。

第一，访问控制。主要目的是防止隐私的泄露，使射频标签中的数据不被轻易读取。访问控制设计的技术主要有标签失效、天线能量分析、法拉第笼和阻塞标签。这些方法实施简单，缺点是针对性强，不能普遍适用。

（1）标签失效及类似机制。有的不法分子在购买商品时往往会寻找射频标签，因为撕下后就可以骗过警报器，从而顺利将商品带走。为了解决这一问题，很多射频标签被嵌在了商品内部，人力几乎无法移除。不需要该标签时，还可以通过"KILL"命令使其芯片进入睡眠状态。即便遇到退货、返仓等情况，射频标签还可以被系统重新激活读取。

（2）阻塞标签。该标签可作为有效的隐私保护工具，它能在受到阅读器的监测命令后，干扰系统的防冲突协议，使阅读器周围的其他合法标签无法进行回应。该方法的优点是不需要射频标签进行修改，也不用执行运算周期。

（3）法拉第笼。就是将射频标签的周围用金属网或金属片包裹起来，从而屏蔽黑客的无线电信号，防止第三方非法阅读射频标签的信息。

（4）天线能量分析。该系统的理论基础是：合法阅读器离标签很近地概率较大，而恶意阅读器离标签通常很远。因为信号强度随着距离的增加而减弱，而信噪比逐渐降低，这样，射频标签就可以智能地估计阅读器的距离。对于近距离的阅读器，该标签会告知自己惟一的 ID，反之则拒绝被读取。

第二，数据加密。密码技术不仅可以实现隐私保护，还可以保证射频识别系统的完整性和真实性。密码技术有普及性，在任何射频标签上都可以进行，难点就是平衡密码强度与成本功耗的关系。目前，最常用的集中密码技术解决方案如下：

（1）HASH锁协议。在最初阶段，每个射频标签都有一个惟一的ID，并制定一个随机的钥匙（KEY值），计算META ID=KEY，然后将ID存储于标签中。其认证过程如下：

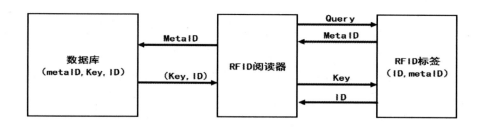

图8-1-1 HASH锁协议的认证过程

由上图我们可以看出，协议认证过程是这样的：阅读器监测读取标签，标签感应到信号后响应META ID。同时，阅读器从数据库中调出与该ID对应的KEY并传输给标签，标签确认无误后将惟一的ID发送给阅读器。该协议的优点就是运算量小、数据查询响应快，缺点就是标签容易被跟踪和克隆。

（2）随机HASH-LOCK协议。该协议采用随机数的询问和应答规则，射频标签除了基于HASH的函数外，还存在伪随机数生成器，而后端数据库用来存储所有标签的ID。其基本工作原理是：阅读器访问标签，标签随机返回一组数值，阅读器会根据数值到数据库中搜索，获得正确的ID。该协议采用的是随机数的方式，每次响应都发生变化，安全性相对HASH锁有所增强；缺点就是增加了HASH、函数运算，功耗和成本上升。

（3）移动型射频识别密匙协议。该协议要求在射频标签内部安置一个HASH函数，存储ID和一个秘密值S，并和数据库实现共享。该协议的执行步骤为：①阅读器向标签发送监测和读取命令；②标签将 ID 返回；③阅读器生成一个随机数发送给标签；④标签计算 HASH，得出结果后，通过阅读器传输到数据库；⑤数据库搜索所有标签，并进行运算匹配，找到相同值之后就把正确的标签 ID 发给阅读器。该协议的安全性和机密性得到了保证，缺点就是密匙管理难度加大。

（4）基于 HASH 的 ID 变化协议。该协议基于 HASH 链接协议，在每一次认证过程中，与阅读器交换的信息都会改变。在初始状态，射频标签内存有 ID、上次发送序号（TID）、最后一次发送序号（LST），而后端数据库中存储 H（ID）、TID、LST 和 AE，其中，TID=LST。其协议执行步骤为：①阅读器向标签发送监测和读取命令；②射频标签将自身的 ID 加 1 并保存，并将 H、$\triangle$ TID=TID-LST、H（TID||ID）分别计算出来，并发送给阅读器；③阅读器将三个数值转发给数据库；④数据库根据 H 搜索标签，找到后，计算出 TID，然后计算 H（TID||ID），并与接收到的标签进行比对认证，通过后，向计算结果发送给阅读器，阅读器再转送给标签；⑤标签利用自身存储的 ID、TID 以及各种计算数值，分析阅读器与数据库发送的数值是否相等，相等则通过认证。该协议比较复杂，优点是避免了追踪和第三方监控；缺点是对环境依赖较大，容易受到其他信号的干扰。

由上述几个加密方法可以看出，这些方案采用的都是基于密码学的机制，包括 HASH 函数、标签信息更新、随机数产生器、服务器数据读取、公式加密、对称加密、混沌加密等。这些方案使射频识别系统的机密性、完整性和隐私性得到了保障，但目前仍然存在着或多或少的问题，如数据同步差、抗干扰能力弱等。因此，不管是访问控制技术还是数据加密技术，都不是一成不变的，而是随着新技术的产生而逐渐创新发展。

2. 如何防御针对传感网络的"内外夹击"

传感网络由多个传感器节点、网关、通信基站和后台系统组成，这些设备之间的通信链路相对薄弱，很可能成为黑客的攻击对象。为了抵御攻击，一般的应对措施就是对传感器节点之间的链路进行加密；对接收端受到的数据进行校验；对数据的发起者进行身份认证；对频率进行监听以及依靠安全路由或入侵检测。

无线传感网络本身就包括物理层、数据链路层、网络层、传输层与应用层，针对每一层都要设计不同的安全防护措施，具体如下：

第一，物理层安全设计。物理层包括天线部分和传感器节点，为了保证物理层的安全，就需要解决节点的通讯问题和身份认证问题，然后通过研究天线来解决节点间的信息传输，抓好多信道通信。其中，需要特别注意的是节点设计和天线设计。

（1）节点设计。安全且完整的 WSN 节点主要由数据采集单元、数据传输单元和数据处理单元组成，其节点结构如下图：

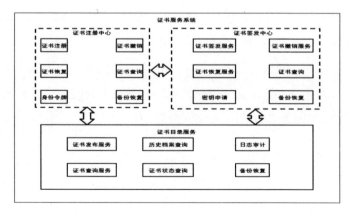

图 8-2-1 WSN 节点的结构图

节点设计的正确与否直接关系到整个传感器的安全性和稳定性。其中，WSN 节点硬件结构设计、CPU 和射频芯片的选择和连接、射频电路的设计以及数据采集单元的设计一定要采用标准和既定规则。

（2）天线设计。WSN 设备大多具有低功耗、小体积等特点，所以其系统设计多采用微带天线。该类天线具有体积小、质量小、易集成和电性能化等优势。

第二，链路层安全协议。在该层的众多协议中，MAC 层通信协议的安全问题最为重要，S-MAC 协议是在 802.11 MAC 协议的基础上、针对传感器网络的节省能量需求而提出的，针对该协议存在的安全漏洞，又提出了基于数字签名算法的 SSMAC 协议，实现了抵御重放攻击、保证数据的来源真实和完整的目的。

SSMAC 主要包括数据帧格式设计和 ACK 帧格式设计，前者用来传输上一层发到 MAC 子层的信息，后者是接受终端收到正确的信息帧后所传输的确认帧。

第三，网络层安全路由协议。高效的安全路由协议算法基于分簇机制、多跳路由机制、数据融合机制、多路径路由机制和密匙机制，其实质是一个高稳定性、高安全性和高可靠性的 WSN 路由协议。为了解决路由协议通有的安全问题，它一般采用 ARRIVE 协议的思路，对 TREE-BASED 路由算法进行安全扩充，优化 BP 神经网络的系统安全评价模块，从而保证路由的可靠性和鲁棒性。

第四，传输层可靠传输协议。可靠传输模块的功能是：（1）网络遭到破坏时，运行在网络层上层的传输层协议可以将数据安全、稳定送达目的地；（2）能够抵御传输层所受到的攻击，依靠智能化的终端保证其稳定性，尽量简化核心操作，降低传输负担。另外，在设计该传输协议时，要尽量考虑如何应对资源有限性和对恶意节点的排查。

第五，应用层认证鉴权协议。针对资源受限于环境和无线网络的特点，该层协议总和基于 SPINS，包括 SNEP 和 uTESLA 模块。SNEP 提供了基本的安全规则，即端对端认证、数据的新鲜度、双方数据鉴别和数据机密性，uTESLA 则提供了一种严格的针对资源限制情况的广播认证。不过，SPINS 模块虽然能有效地解决节点之间的安全通信，但对密匙管理却显得力不从心。针对应用层的密匙管理问题，一般采用基于 Merkle 哈希树的访问控制方式，以所有密匙的 HASH 值作为叶子节点构造 Merkle 树，这样，每个传感器节点就能够轻松分配认证用户的请求信息。

针对每个层而设立的安全防护虽然可以抵御大部分外部黑客对网络发起的攻击，但有时候，网络内的节点也有可能对内部发起攻击，而内部节点出于节省能源的目的，也有可能会自发地做出一些不利于网络稳定的行动。相对于外部攻击，来自网络内部的攻击威胁更大，要使合法节点识别和杀灭这些不端节点，就需要用到行为监管技术。

行为监管就是对传感器网络的内部节点的行为进行监督，如传感器节点是否超越权限访问其他节点数据；是否用错权限、违规操作和擅自移动节点。行为监督通过设立信任模块、利用行为监测和行为分析来对内部节点进行监管，在信任管理模型中，通过信任计算机系统所得到的信任度可以正确反映当时相邻节点的情况，影响着模型管理能力的优劣。还有一个重要概念是"合作频率"，它可以很方便地识别恶意节点的泛洪攻击和 DOS 攻击。鼓励因子则是历史信任信息和合作频率的相关值，鼓励因子随着信任度和合作频率的增高而降低，主要用来实现 TWSN 模型中的惩罚和奖励机制。

传感网络的访问控制技术也是相当重要的安全技术之一，传感器网络作为服务的提供者，向用户提供环境监测信息请求服务，同时具有访问权限和合法身份的用户所发送的请求才能得到网络服务的响应。不过，传统的网络访问控制机制具有开销大、安全防护薄弱等缺点，但基于 Merkle 哈希树的访问控制方式却能够在提高访问能力的同时，增强抵抗攻击的能力。

与访问控制技术具有相同重要性的就是密匙管理技术，密匙管理最重要的两个方面就是密匙的派生和安全参数的确立。无限传感网络的密匙管理主要是采用基于随机密匙预分配模型的密匙管理机制，但该机制并没有很好地解决网络安全性和连通性之间的矛盾，为了解决这些问题，我们可以采用一种基于随机密匙预分配和环区域的无线传感器管理机制（PBRKP）。在该机制中，传感器节点可以根据自身所处的位置得到基站广播的密匙子集，再结合自身保存的原始子集，通过单方面的 HASH 函数派生密匙，从而建立安全链路。此机制不但具有较好的数据连通性，而且无需预知传感器节点的部署位置，撤销和更新都非常方便。即便攻击者具有很强的信息窃取能力，也只能捕获传感网路内的节点，而无法破解节点间的通信密匙。

在 PBRKP 机制中，密匙预分发阶级和初始阶段的派生密匙环生成后，通信网络的主要工作就是根据这些派生的密匙建立正确的安全链路。在该机制中，两个相邻节点之间有一个共享密匙，在读取数据后会自动删除，防止黑客利用捕捉的派生密匙合成一对完整的密匙，进而窃取信息。

另外，如何快速而安全地发现两个相邻节点的相同密匙也是密匙管理的一个重要问题。密匙环中的密匙直接交换很容易被捕获，捕获者也会据此制造出以假乱真的密匙池和密匙环。而 PBRKP 机制用 Merkle 谜语的形式来发现相同的派生密匙，PBRKP 通过节点发送一个由谜面组成的信息给临近节点，临近节点答复谜底。谜面和谜底一一对应，使被破解的概率大大降低。

PBRKP 的另一个特点是不容易被完全破坏，即使节点密匙环被破解，整个节点受到的影响也是局部的，对周围的传感节点的通信并不造成影响，攻击者也无法成功窃听。例如，假设某传感器节点保存的密匙随机数为 a，那么，间隔 a 个环的传感节点间的密匙环内的密匙就与之完全不同。即使在相邻的环，甚至是同一环，由于生成密匙的 HASH 函数不同，密匙也都各不相同。可以这么说，在 PBRKP 机制中，被攻击区域基本可以被限制在单个节点或邻近节点的传输通道上，它对其他的链路或者节点没有丝毫影响。

3. 保护网络层："核心网络"的防御机制

物联网的网络层的工作就是把感知层收集到的数据安全地发送到信息处理层，然后根据不同的应用需求进行信息分析和处理，实现对客观事物的感知和控制。目前，全球物联网应用还处在初级阶段，关于网络层安全的相关法律法规尚未完善，系统体系也没有成型，这些不利因素使网络层成为了物联网最易遭受攻击的一层。

网络层的安全威胁主要来自以下几个方面：一是对终端的入侵，终端感染病毒，或者篡改软硬件模块，从而窃取存储的私密信息；二是对传输链路的入侵，通过删除、改写链路上的数据和对各种协议级的干扰，使数据传输堵塞；三是对核心网络的入侵，绝大多数物联网业务信息要用到互联网传输，移动通信与互联网的核心网络具有相对完整的安全保护能力，但核心网络很容易受到Ddos攻击和假冒攻击。

面对攻击，网络层的安全需求应涵盖以下几个方面：一是保证业务数据在承载网络中的传输安全，保证数据在传输过程中不被泄露与截获；二是解决终端和异构网络的鉴权认证，实现对物联网的连接认证和对异构网络互连的身份认证。三是异构网络下终端的安全接入。针对物联网M2M的工作特征，对网络框架和接入技术进行优化和改进。四是物联网协议总和的标准需求。即建立一个统一的协议栈和相应的技术标准，防止协议漏洞。五是大规模分布式安全监控。针对物联网关于实时性、稳定性、资源可靠性等方面的要求，对物联网终端进行大规模部署，建立安全的管控体系。

目前，核心网主要是指运营商的核心网络，其重要性不言而喻，其安全防御系统主要包括：安全通道管控设备、防火墙、网络密码设备、漏洞扫描设备、入侵检测设备、防病毒计算机、补丁分发服务器和综合安全管理设备。

我们对其中的最重要的几个设备的安全防护机制进行简要分析：

第一，综合安全管理设备。该设备能够对整个网络的安全情况进行统一的监视，并对安全设备进行系统的管理，构建全网安全管理体系；还可以对全网的安全事件进行汇总、上报，实现网络层各类安全设备和系统的互联互动。

第二，证书管理系统。该系统负责管理和签发数字证书，由证书注册中心、签发中心和证书目录服务器组成。该系统还有一些附加功能，如证书撤销、证书恢复、证书发布、密匙申请、日志审计、备份恢复和各种查询服务。证书管理系统的关系图如下：

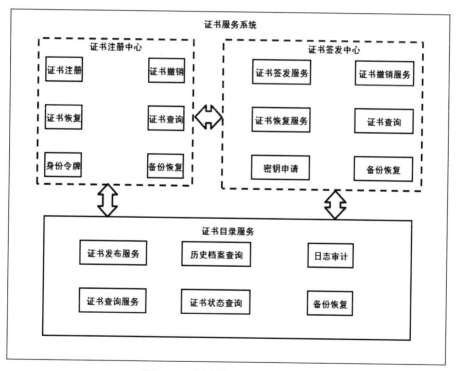

图 8-3-1 证书管理系统的关系图

第三，应用安全访问控制设备。该设备采用安全隧道技术，在服务器和物联网中间建立一条安全隧道，隔离两者的直接连接，而所有的查询和访问都必须经过安全隧道的同意。其工作原理是：终端将访问请求通过安全隧道发送给应用访问控制设备，该设备会马上做出响应，并验证终端设备的身份，然后查询终端设备的权限，最后决定是否允许终端设备访问。

应用安全访问控制设备需要的功能主要有：统一的安全保护机制、基于数字证书和 USBKEY 的身份认证、数据安全保护和透明转发。

第四，安全通道管控设备。该设备部署在物联网 LNS 服务器和运营商网关之间，主要用来防御公网和终端设备的各种安全威胁。它主要有两个特点：（1）对用户透明、对网络设备透明，信任度很高；（2）可以根据需求对网络通信的内容进行监视。

第五，漏洞扫描系统。在可扫描 IP 的范围内，该系统可以对不同操作系统的计算机进行漏洞检测，分析和指出计算机网络的薄弱环节，并可以针对监测到的网络安全隐患，提出相应的解决方法、安全建议和补救措施，从而提高安全保密分系统的保密能力和抗破坏能力。

第六，入侵检测设备。该设备为终端子网提供异常信息的监测，在第一时间发现攻击行为，并在全网开启警报。另外，分析检测设备还可以对网络层的大部分数据进行分析和排查，提供多种应用协议的审计，记录各个与之相关联的终端设备访问行为。

第七，防病毒服务器。该设备主要用于保护网络中的服务器和应用主机，防止主机和服务器因感染病毒而导致通信故障、数据丢失或瘫痪。防病毒服务器包括监控中心和客户端，客户端分别部署在主机和服务器上，监控中心则部署在基础子网中。

第八，补丁分发服务器。该服务器部署在安全防护系统内网之中，采用 B/S 架构，可在网络的任何终端，通过登录内网补丁分发服务器对页面进行管理、对各种信息进行查询服务。将来，补丁分发系统可以根据客户端数量和管理需求进行功能的无缝拓展。

4. NGN 架构：次时代网络的安全体系

NGN 又称为次世代网络，是基于 IP 技术，采用业务层和传输层相互分离、业务与应用控制相互分离、传输与传输控制相互分离的思想建立起来的网络系统，它能够支持当前的各种接入技术，并能提供语音、视频、流媒体等业务。NGN 的体系架构如图：

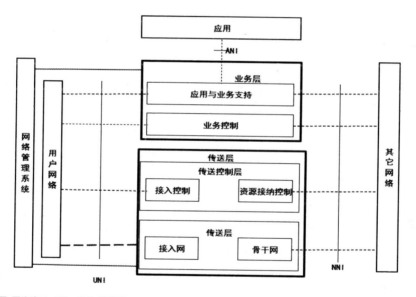

ANI：应用-网络接口；UNI：用户-网络接口；NNI：网络-网络接口；————：管理；--------：信令；- - - - - -：媒体

图 8-4-1 NGN 的体系架构

和传统的网络系统一样，NGN 也需要避免出现非授权用户访问网络设备上的资源、数据和其他用户的隐私信息。在 X.805 标准的指导下，对该网络可能遇到的威胁和自身的缺陷进行分析。其安全需求主要有：安全策略的需求、认证、授权、访问控制和审计需求；时间戳与时间源需求；资源可用性需求；

系统完整性需求；操作、管理、维护和配置安全需求；身份和安全注册需求；通信和数据安全需求；隐私保证需求、密匙管理需求、NAT/防火墙互连需求、安全保证需求、安全机制增强需求和安全管理需求。

NGN 的安全架构是以 X.805 安全体系架构为基础，结合 IETF 相关的安全协议而提出来的。所以，我们可以依照网络中的各种安全域，再结合具体的安全技术，来设计一个完整的 NGN 安全体系——域和域之前使用安全网关，各个不同的域内运用不同的安全策略，共同提高体系安全性。NGN 安全构架如下：

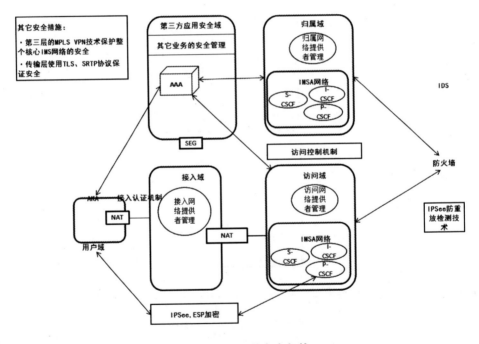

图 8-4-2 NGN 的安全架构

NGN 网络的安全架构主要有以下几个方面：

第一，归属网络和访问网络中间的访问控制机制，可以由 IDS 和防火墙配合使用，再连接 IPSec 的防重播监测，共同防止非法用户的拒绝服务攻击。

具体的访问机制可以运用 IPV4+NAT 的模式，并采用一定的防火墙穿越技术（TURN 或 STUN）。

第二，P-CSCF 和 UE 之间采用网络层加密，并使用 IPSec 的封装安全载荷进行加密。网络层之间这种端到端的加密，允许用户报文在从源点到终点的传输过程中始终以秘文形式存在，节点不涉及任何解密工作，只负责转发操作。所以，用户的数据在整个传送的过程中都受到保护，而且各个报文都是用独立的加密系统。即使某个报文传输错误，也不会影响到后续报文。

第三，安全网关主要控制数据在防火墙和 NAT 服务器的出入，也具有数据过滤等其他安全功能。此外，安全网关还可以强化 IMS 域之间的安全策略，设置并维护 IPSee 安全关联。

第四，针对绕过 P-CSCF 对 S-CSCF 发送 SZP 消息和伪装 P-CSCF 的合法用户，一般采用如下技术：如果 UE 不伪装成 P-CSCF 直接向 S-CSCF 发送 SIP 消息，可以对 IMS 核心设备引入第三层的 MPLS VPN 技术，隔离 UE 和 P-CSCF，隐藏 IMS 核心网络的路由新数据，实现 UE 无法与 S-CSCF 联系。如果 UE 伪装成 P-CSCF，则可以将 P-CSCF 的身份标识存放在 HSS 数据库中，每次 P-CSCF 向 S-CSCF 发送 SIP 消息时，S-CSCF 都向 P-CSCF 发送认证请求，验证合法后才能继续发送 SIP 消息。

5. 保护应用层：射频识别中间件的安全问题

射频识别中间件主要面临三个方面的安全问题：一是数据传输，射频数据通过网络在各个层次之间传输时，很容易造成安全隐患，如非法入侵者对射频标签进行信息进行拦截、破解和修改，以及依靠非法用户发射干扰线号来堵塞通信线路，导致中间件无法正常接收标签数据。二是身份认证，很多专业的攻击者能够使用中间件获取合法用户的保密数据。同时，攻击者还可以利用假冒标签向阅读器传递信息，使阅读器处理的都是虚假信息。所以，有必要进行身份认证，帮助阅读器鉴别真伪响应信号。三是授权管理，没有经过授权的用户可能尝试使用受保护的中间件服务，因此必须对用户进行安全控制，根据用户的不同要求，将用户的权利限制起来。

结合射频识别中间件的安全需求，我们可以设计一个安全工具箱为其提供安全解决方案。安全工具箱是加载在射频中间件上的相对独立的组件，其职责保护中间件的安全，为不同领域的用户提供相应的安全解决方案。安全工具箱由两部分构成，分别是安全构件库以及安全方案生成器。安全方案生成器建立在安全构件库之上，两者靠体系语言产生联系。安全工具箱的结构如下：

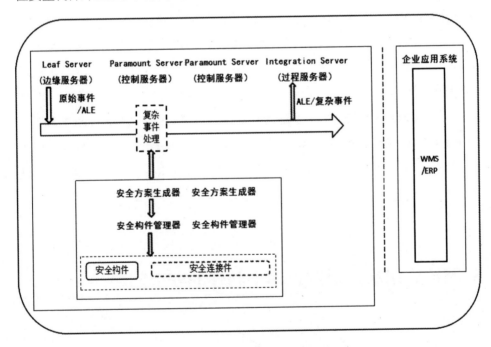

图 8-5-1 安全工具箱的结构

第一，安全构件库。里面存放着可以提供的全部安全构件，由一个安全构件管理器来进行维护和管理。安全构件由接口和连接件两部分组成，连接件通过构件间的交互规则的模型来实现构件间的连接。

通过连接件可以设计出更加复杂、功能更加强大的安全构件，构件库中的安全构件包括读写器验证安全构件、用户验证安全构件、模块验证安全构件、数据传输安全构件、用户授权安全构件和数据存储安全构件等一些基础组件。另外，还存在一些用户指定的面向领域的特殊组件，这些安全构件能够给业务模块提供必需的安全服务。

构件的特点是可以定制，可以重复使用当前存在的所有构件，并灵活地根据用户需求构造一套针对某个领域的安全策略，还能够体现一定的个性化。例如，根据不同的领域、不同的安全级别需要、不同的性能需要来灵活选择所需要构件。

个性化安全解决方案的建立要依靠安全构件管理器来实现，作为构件的承载者，安全构件管理器可以对构件进行添加、删除、选取和组合，并根据上层发送过来的安全需求，选择适合的安全构件，组成解决方案，最后传输给安全等级评估模块进行评估。

第二，安全方案生成器。该设备由两大组件组成，分别是安全等级评估和安全需求配置。安全需求配置是安全工具箱的入口，给用户提供了一个直观的界面，用户可以根据自己需要的自主性能与安全等级来挑选安全连接件和安全构件，并通过研究它们之间的连接方式来定制安全需求，也就是将用户的安全需求转换成体系语言传送给安全构件库。待构件库生成完整的解决方案后，再将此解决方案反馈给安全等级评估组件。评估的结果如果不符合安全标准，或者达不到用户的期望值，生成器会自动修改方案，重新进行分析和循环，直到安全等级合乎标准为止。这种机制不仅能体现方案的灵活性，也能够防止用户出错，保障了安全性能。

第三，体系语言。它能够使用户更加明确地向系统阐明自己的安全需要，同时，系统也可以更好地分析出用户的真实需求。

在某些特定领域，射频系统面对的攻击异常强大，普通的中间件架构无法抵御攻击者强大的破坏力。这时候，就需要设计射频识别中间件的加强结构。通常情况下，加强结构分为 3 个模块和 9 个管理器，一个组件都由一系列可插入服务来整合。其结构如下：

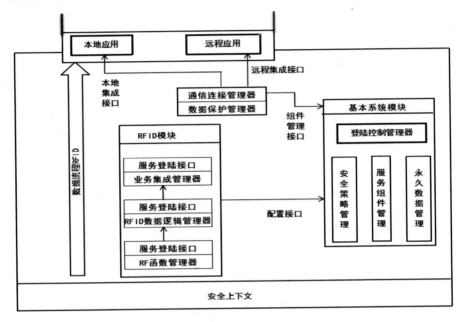

图 8-5-2 射频识别中间件的加强结构

由图可以得知，与安全相关联的部分分别为：安全策略管理器、登录控制管理器、RF 功能管理器、RFID 数据逻辑管理器、商务整合管理器和数据保护管理器。

登录控制管理器主要有验证和登录功能，安全策略管理器的主要功能则是权限分配和安全配置文件管理；数据保护器用来保证数据传输过程中的安全性，并提供密匙和解密工作；数据保护管理器和安全策略管理器则作用于射频模块的功能管理器，为其提供安全保障。每一个管理器都是集中管理、相互协调又相互独立，每一个管理器都被设置在相关服务的起点处，方便对漏洞的监测。下面重点分析几个核心组件：

第一，安全上下文。当所有服务模块处在安全上下文之上时，安全结构才能够实现。安全上下文增强了系统的稳定性，是系统启动自我保护的催化剂，在监测攻击系统中，它能够用于安全策略分析。

安全上下文主要分为三部分：安全用户分组标志、角色标志和 subject。角色标志和分组标志可以确定用户的权限，而 subject 像一个仓库，存放通过验证的用户的信息。当需要中间件提供服务时，应首先查询到用户的 subject，当某个 subject 通过验证时，分组标志和角色标志就会判断其权限，并调用 subject 中的解决方案。所以，安全上下文可以与系统模块互动，为底层提供最基本的安全保障。

第二，数据保护管理器。数据保护管理主要负责通信过程中的完整性和隐秘性，它包括加密模块和解密模块，二者将通信连接管理器发送来的未加密数据和安全上下文所授予的密匙作为输入，经过加密模块产生加密的射频数据，接着，加密数据被通信连接器送到解密模块产生解密的射频数据。这种加密和解密的方式使窃听者很难知道真正的射频数据内容。

第三，登录控制管理器。登录控制管理器的主要工作是将签名用户的身份标识发送到系统安全上下文，通过它，我们可以根据需要在系统中实现多种形式的登录服务。用户在安全上下文上签名后，就会被赋予使用射频服务系统的权限。而且，通过查看系统上下文的内容就可以判断用户的合法性，无需重新登录确认。

第四，安全策略管理器。该管理器包括安全策略模块和安全登录配置模块，负责配置整个系统的安全属性。安全策略文件可以为用户分配权限，安全策略模块，也可以安全登录配置模块都可以提供给管理员和对安全策略和配置文件进行修改和配置。

第五，RFID 数据逻辑管理器。该管理器主要处理从底层到商业层的射频数据流，它提供了一个原子的射频功能管理模块，可以对读写器分析到的射频标签进行收集、过滤和形成新的事件。模块中的射频数据流在流线型模式中进行处理，不必在网络中传输，省去了数据加密的繁杂操作。

第六，RF 功能管理器。该模块也是运行在安全上下文之上，包括两层，分别为 RF 驱动层和 RF 桥接层。RF 驱动层主要负责射频识别读写设备的通信接口，通过蓝牙、串口等技术，将射频读写设备接入到中间件上，而接入中间件需要调用相应的驱动模块。当然，这些模块也需要登录后才能被成功加载，这些同一模块由另一个安全服务提供。

第七，商务整合管理器。商务整合是一个新兴的概念。中间件提供了基本的共性模块，而这个模块中又包含了许多基本的商务逻辑，用户根据自己的特性和领域，加上配置需求文件，并分析相对应领域中的商务逻辑模块，共同组成射频解决方案。

6. 物联网安全管理总体设计思路

物联网规模庞大，系统复杂，包括各种服务器、网络终端、工作站，小型计算机更是数不胜数，其安全领域也逐渐发展成复杂多样的子区域，如访问控制、身份认证和侵入检测。随着物联网应用业务的逐渐增多，这些安全基础设施所面临的安全问题也越来越突出，其中，涉及安全管理的问题主要有海量事件运行超负荷、安全信息孤立、知识普及性差、安全策略缺乏管理和没有大规模维护计划等。

基于物联网面临的各种安全威胁分析，安全管理包含了设备管理、拓扑管理、策略管理、事件管理和应急管理。设备管理只对安全设备进行系统的在线或离线管理，并实现设备间的互动防御。拓扑管理就是对安全设备的拓扑结构、连接关系和工作情况进行管理；事件管理就是对安全设备上传的安全事件进行系统的格式处理、排序或者过滤等；策略管理就是指灵活设置安全策略；应急管理是指发生重大安全事件时对安全设备和工作人员的应急联动。

基于安全管理的框架，可以设计出以下两个重要的安全管理系统：

第一，基于SOA（面向服务）的安全管理系统设计。为了迎合物联网多网融合的特性，满足其互联互通的需求，可以采用基于SOA架构的系统来实现安全管理。SOA是一个组件模型，它通过服务之间的良好接口和契约，将应用程序的不同功能单元联系起来，实现硬件平台、编程语言和操作系统的有机结合。基于 SOA 的管理架构图如下：

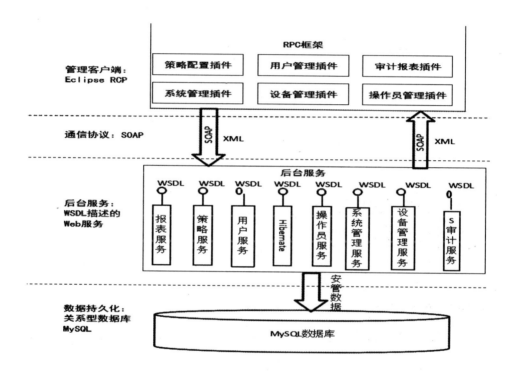

图 8-6-1 基于 SOA 的安全管理结构图

如图所示，管理客户端和后台服务统称为管理平台，管理客户端和后台服务通过 SOAP 所描述的 XML 文件进行通信。其中，管理客户端采用前述的 Eclipse RCP 结构的应用程序框架，由 6 个插件部署在 RCP 框架中构成；后台服务由 web 服务实现，通过 WSDL 描述的接口进行发布。

SOAP 负责通信和多向附加协议所保证的各个方面，它是基于 XML 的用于应用程序数据编码的传输协议，提供了一种可通过多种底层协议进行交互的数据结构。这种框架的设计思想独立于任何一种特定的编程模型。

第二，统一身份管理及访问控制系统。该系统可以构建企业级用户目录管理，实现不同用户群体之间的系统认证，并可以将大量分散的系统和信息进行连接和整合。其系统采用先进的面向服务的体系架构，基于 PKI 理论体系，提供身份认证、单点登录、访问授权和策略管理。这些服务综合起来，组成了企业一站式服务平台。身份管理及访问控制系统的基本模块如下：

（1）认证中心。存储企业用户的目录，完成对用户角色、身份等信息的体系管理。

（2）访问管理和授权系统。负责用户的授权、角色分配；访问策略的管理与定制；用户授权数据的自动同步和用户访问的安全审计。

（3）身份认证服务。身份认证前置为应用系统提供安全认证接口、访问请求和中转认证，完成对用户身份认证和角色的互换。其技术原理是：将代表用户身份的数字证书或者相应的密匙在密码钥匙中，认证时，有密匙完成数字签名和加密。信息以秘文的形式在网络中传输，具有很高的安全性。

（4）访问控制服务。就是应用系统插件从应用系统中得到单点登录所需的用户信息，并生成访问业务系统的请求，对敏感信息加密签名。

（5）CA 中心和数据证书网上受理系统。负责用户身份认证和单点系统中的证书签发用户身份证凭证的制作。

（6）单点登录系统。单点登录系统基于数字证书，使各种数据资源和防卫系统成为一个有机的整体，通过在各个信息终端安装访问代理中间件，与防卫系统的认证服务器进行通信。

第九章

自动识别技术应用：

怎样设计自动识别系统？

在现实生活中，各种各样的活动都会产生不同的数据，这些数据的内容各不相同，其中有人的、物质的、钱财的，还有各种销售、生产和采购信息。这些数据的采集和分析对我们的生产和生活关系重大，如果没有这些必要的数据支援，我们的高质量生产就会严重缺乏现实基础。

在信息技术发展的初级阶段，自动化并不完全，有相当一部分数据的处理都要靠人工录入。面对如此庞大的信息量，工人们的劳动强度瞬间加大，出现了工作效率低、错误率高的弊端，而且人工统计的数据并不一定准确，有时会受到主观因素的影响，导致失误越来越大。为了解决这些难题，人们研究和发展了自动识别技术，将人们从繁重的体力和脑力劳动中解放出来，提高了系统信息的实时性和有效性为生产和决策提供了正确的参考数据。

自动化识别系统种类繁多，有射频识别技术、语音识别技术、光符号识别技术、生物计量识别技术和磁卡识别技术等。其中，最有发展前景的、物联网系统最常用的当属射频识别技术。射频识别技术在工厂实现全面全自动化、奔向工业4.0的过程中发挥着重要的作用。

1. "面面俱到"的射频识别技术

射频识别技术又叫电子标签技术，简称 RFID，是物联网的核心技术之一。射频识别技术的官方定义为："通过磁场或电磁场，利用无限射频方式进行非接触双向通信来实现识别和数据交换功能的自动识别系统。"这个概念趋于完美，但我们也要了解两个重要的概念，一是无线射频，二是非接触双向通信。后者不难理解，意思就是无需接触，就能实现相互信息的传送和分析，区别于接触式通信的 IC 卡。而无线射频，就是指具有一定波长的可用于通信的无限电磁波。

射频识别技术起源于二战时期的飞机雷达探测技术，仅仅应用于军事领域。2000 年以后，该技术逐渐被人们重视，并渗透到了日常生活中的各个领域，无论是在交通运输、市场销售、物流传输、货物识别、材料跟踪、食品安全、商品防伪等商业领域，还是在卫生医疗、养老、教育事业、信息安全、犯罪监督等公共领域，我们都能看到该技术的影子。在分析射频识别技术的原理之前，我们首先要对其应用领域有一个大致的了解。

第一，供应链管理和应用。所谓"供应链"，就是指在生产和销售过程中，将工厂生产的商品或服务提供给消费者所构成的整个网络体系。供应链管理一直被认为是射频识别技术应用最广泛的领域，虽然现在工厂自动化技术已经趋于成熟，但很多琐碎工作仍然需要大量的人工来完成。例如，信息录入、仓库盘点和货物清点，这都是自动化设备无法完成的。就像仓库的商品扫码，只能依靠工人拿着扫码枪一件一件地录入，既浪费了时间，又增加了成本。更为糟糕的是，工人的出错率较高，而且受到情绪和状态的影响，很容易出现不可预知的问题。

但无线射频技术就可以解决上述难题，它为每一个商品植入了信息和数据，不仅仅是商品的属性信息，还有生产和销售信息。沃尔玛公司是该技术的先行者，该公司领导人率先表示不再接受未使用射频识别技术的供货商所提供的商品，并要求所有商品都贴上电子标签，方便盘点、入库和再加工。不过，电子标签的成本不低，还需要强大的后台数据库。所以，该技术在供应链领域面临着不小的挑战。

第二，身份识别和数据识别。电子标签可以嵌入到我们使用的身份证、护照甚至工牌等各类证件中，用于对本人身份的识别。我国的第二代身份证内部就有基于 ISO/IEC14443-B 标准的非接触式芯片，频率为 13.56MHz，不仅记录了本人的身份、指纹等信息，还有体貌特征和个人履历，仿佛一个详细的档案。例如，我们现在持身份证才可以去网吧上网，而充值和余额等信息也在我们的身份证中。再如，在网上凭身份证购买机票后，我们只需用身份证扫描机场的自主识别机，就能自行取出机票。

除了我们的身份证之外，很多科研人员还将识别系统植入了动物的皮肤里，用来跟踪、保护和分析动物。此外，他们甚至能及时发现动物的异常，预防各种传染类疾病。

在交通领域，可以将射频标签装在每一辆车上，在每一个路口设置接收器来捕捉车辆的动向，从而有效解决违章、肇事车辆的围堵、嫌疑车辆的追踪等问题。另外，该技术还可以方便地统计交通流量，通过智能软件自动控制红绿灯，起到了防止交通拥堵、监控道路的作用。公交车的射频标签的作用更大，除了有以上功能外，它还可以将行驶信息传送到站牌的大屏幕中，显示车辆到达的时间和目前所在的位置。

第三，物流管理。传统的物流在运送商品时的风险很高，稍有不慎就会造成产品的丢失和误送，极大影响了运送效率，也增加了运营成本。而射频识别技术可以对整个物流过程进行全面监控和追踪，镶嵌有射频标签的商品，无论在哪里都能被终端读取出来，即便是仓库中的货品，依靠射频技术也能快速定位它的位置，获取其存储情况和商品信息，从而保证生产标准化，提高储藏效率。

在火车上安装射频标签，然后在各大铁路沿线安置读写器，不仅可以得到火车的行驶情况，还能够获知车厢内储存货物的信息。情况一有变化，就可以动态地调整火车的运行，这大大提高了火车的运输效率。其实，射频识别技术对海运的作用更大。目前，各国的海运公司基本都在使用射频识别技术和卫星监控系统，利用它们，不仅可以实时监控海上的货物，控制集装箱的运送流程，还可以进行标签的远距离识别和多商品处理等，大大提高分拣工作的效率，也减少了货物丢失而带来的巨额损失。不仅如此，在进行重要和危险物资跟踪，或者在成千上万的货品中寻找特定商品时，射频识别技术也发挥了非常大的作用。

第四，标签保护和门禁管理。无线射频识别技术的追踪物资功能可以有效保护物资的安全。例如，我们可以在安装了读写器的终端上获知某一商品是否离开了某个建筑物，还可以在建筑物的出口放置读写装置，当物品被非正常搬离时，就会触发警报。亦或是在盛放物品的箱子中安装射频电子关封，只要箱子被打开，读写器就会在第一时间收到信息，并自动报警。在重要场所的出入口，也可以安装这种射频装置用于门禁控制。

此外，很多公司在考勤管理上也应用了该技术。以往的考勤系统一般是类似于IC卡性质的接触性打卡，更先进点的就是指纹打卡和头像识别系统。但这三种方法都有一个弊端，那就是只能一个一个排队打卡，对于员工众多的大企业，这种方法会浪费掉很多时间。而射频技术可以同时识别多个电子标签，实现了多人同时打卡。

第五，防伪。在防伪领域，射频技术加上安全认证和加密功能，可以增大伪造的难度和成本，并且识别快速。目前，欧美等发达国家正在尝试将射频标签镶嵌进钞票中，当一大叠钞票进入读写器时，系统可以瞬间识别出假钞，清点出总额，还能记录下钞票的号码，甚至追踪钞票的流向。

第六，生产车间自动化和生产控制。工业 3.0 时代，我们的工厂已经实现了高度自动化，向着智能化又迈进了一步，但离工业 4.0 还有很远的一段距离。而德国宝马公司的汽车装配车间在应用了射频识别技术之后，总算迈入了工业 4.0 的初级阶段——个性化控制。在宝马流水线上，每一个需要组装的部件都嵌有射频标签，每个标签上都带有客户详细的个性化定制要求，比如颜色、图案等。每一个流水线自动化设备也镶嵌有读写器，可以保证每件商品的生产都准确无误，真正实现了按需生产。

第七，航空航天。为了保证乘客行李的安全，可安装和使用射频识别扫描器，这样做既能防止失误也能预防乘客转机时夹带非法的物品，更不用在顾客行李箱上贴条码，达到了简化流程的目的。

2. 物理学角度解读 RFID

射频识别技术涉及的学科很多，不过，因为是依靠磁场和辐射场进行传输，所以该技术主要是基于物理学原理而出现的。谈到射频识别用到的核心技术，就不能不提到天线场、能量耦合和数据传输。

第一，天线场。众所周知，应用射频识别技术的物件是通过射频标签（电子标签）和读写器相连的，而它们之间的连接介质就是天线。也就是说，天线构建了两者的空间信息传输通道。只不过，这个天线是一个"场"，并不是传统意义上肉眼可见的天线。射频信号通过标签加载到天线上之后，就会在紧邻天线的周围形成一个辐射场和一个非辐射场。随着信号离开天线的距离增大，辐射逐渐减小，在这个区域，电抗的力量占据优势，我们把这个小范围叫做电抗近场区。经过大约一个波长的距离，就到了辐射场区，辐射场区按照离开天线距离的远近又分为辐射近场区和辐射远场区。所以，根据射频信号距离天线远近的不同，信号所经过的场所呈现出来的属性也不一样，按距离划分，天线场主要有三个。

（1）电抗近场区。它紧邻天线口径，距离天线口径表面处 $\frac{\lambda}{2\pi}$（λ 为天线波长）。从物理学的角度来说，电抗近场区是一个储存能量的区域，里面磁场和电场的转换类似于变压器的内部转换原理，另外，该区域周围的金属物体也能以电容和电感耦合的方式影响该区域。该区域中的磁场和电场由于只是完成了转换，并没有做功，所以又叫无功近场区。下面是无功近场区口径表面的直观图。

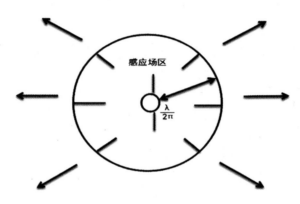

图 9-2-1 无功近场区口径表面直观图

（2）辐射近场区。信号通过电抗近场区之后就到了辐射场区，该区域的电磁场几乎脱离了天线的影响，并成为电磁波进入了另一空间，相对于辐射远场区而言，辐射近场区离天线较近，辐射的强度大。

（3）辐射远场区。又称为"夫郎荷费区"，在该区域内，辐射场的角分布已经与信号离天线的距离没有关系了。根据官方的定义，辐射近场区和远场区的分界距离 R 的计算公式为：R=2D^2/λ，其中，D 为天线直径。

对于天线而言，当天线的最大尺寸小于波长的时候，天线周围只存在无功近场区和辐射远场区没有辐射近场区。对于信息传输而言，辐射远场区的意义要远大于辐射近场区。

第二，能量耦合。

讨论这个物理学原理之前，我们先要知道"耦合"的含义。对此，官方定义为："两个或两个以上的电路元件或电网络的输入与输出之间存在紧密配合与相互影响，并通过相互作用从一侧向另一侧传输能量的现象。概括地说，耦合就是指两个或两个以上的实体相互依赖于对方的一个量度。"

显而易见，在射频识别系统中，射频标签和读写器之间就是一个耦合，它们相互依赖，而且要通过一定的距离传输能量。按照射频识别系统传输距离的远近，射频标签的天线和读写器天线之间的耦合可以分为密耦合系统、遥耦合系统、远距离耦合系统三类。

（1）密耦合系统。该系统的作用距离最小，正常的作用距离只有 0~1cm，这种系统在实际应用过程中，一般需要将带有射频标签的物体放入或插入读写器中，亦或是将射频标签放置到读写器天线表面的覆盖范围内。密耦合系统是利用射频标签和读写器之间的电抗近场区之中的电磁转化构成的无接触空间数据传输通道进行数据交换的，其工作频率一般在 30MHz 以下。

密耦合系统的特点是在传输过程中不必发射任何电磁波，承载数据的容器和读写器之间的耦合就能够产生一定的能量，而且电磁泄漏和丢失很少，甚至可以供消耗电流的微处理器进行工作。所以，密耦合系统的安全型较高，但适用于超近距离的作业，如电子门锁系统和非接触 IC 卡系统。

（2）遥耦合系统。遥耦合系统的作用距离能够达到 1m，为了支撑这段距离，所有遥耦合系统在读写器与标签之间都是电感耦合，因此该系统也称成为"电感无线电装置"。遥耦合系统的传输频率较低，一般在 6MHz~30MHz 之间，而频率在一定程度上又代表了数据的传输带宽，所以遥耦合系统的传输能力要低于密耦合系统，它通过电感无线电装置进行传输的能力也是很小的。

为了作业的需要，遥耦合系统又被分为近耦合系统和疏耦合系统。近耦合系统的作用距离为 15CM，和密耦合系统一样，利用的也是无功近场区之间的闭合磁络，只不过作用距离更长一些。疏耦合区域则是牺牲能量换取距离，原理不再赘述。

（3）远距离系统。该系统的作业距离最小值就是遥耦合系统的最大值 1m，而其作业距离的最大值则为 10m，高质量的系统甚至能达到更远的作业距离。远距离系统完全不受无功近场区的影响，而是利用天线辐射远场区完成射频标签和读写器的电磁耦合，并构成无接触空间信息传输通道进行工作。

为了使远距离的信息传输保持稳定性，就需要为射频标签灌注足够的能量，这时候，光靠传输过程中所经过的天线场的能量远远不够，所以，远距离系统具有一个辅助性供电电池，这个辅助电池不直接给数据提供能量，而是为读写和存储数据提供必要的服务。由于辅助电池的作用，射频标签和读写器之间完全可以采用稳定性很强的高频能量。所以，云距离系统的工作频率最低也能保持在 433MHz 以上，有的甚至达到 2.4GHz 或 5.8GHz。

远距离系统应用范围最广，突破了读写器的距离限制，不仅能支持多标签读写，还能对告诉移动的物体进行准确识别。据悉，目前远距离系统的水平已经可以对以 80km/h 的速度运动的物体进行准确识别，被称为理想的射频识别系统。可惜的是，远距离系统的射频标签和读写器的成本较高，离真正的普及还有一段距离。下图为耦合系统的作用图：

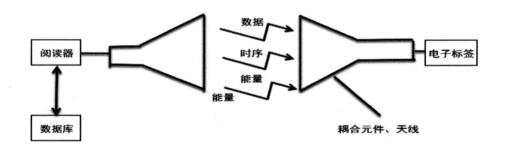

图 9-2-2 耦合系统的作用图

第三，数据传输。从上文可以知道，射频标签和读写器之间的通信通过电磁波来实现，按距离分为远场和近场，而数据交换方式也和通信方式略有不同，分为负载调制和反向散射调制。

（1）负载调制。射频标签和读写器之间的交换方式如果类似于变压器的结构，或者只通过无功近场区，就称其为负载调制。这种调制方式的频率很低，一般从 125KHz~13.56MHz 之间（1MHz=1024KHz），通过准静态电磁场来实现连接。

（2）反向散射调制。在辐射远场区的数据传输中，射频标签和读写器的距离起码在一米以上，而波长最大不过几十厘米，特别是频率在 2.4GHz 的远距离识别系统中，射频标签和读写器的数据传输方式就是反向散射调制。该技术从射频标签返回数据的方式是控制天线的阻抗，利用了变容二极管、高度开关和逻辑门。

射频标签要发送的数据信号具有两种电平（电路中两点或几点在相同阻抗下电量的相对比值），通过一个简单的逻辑门（混频器）和中频信号完成调制，依靠调制把数据植入载体后，共同连接到一个阻抗开关，由阻抗开关改变天线场的反射指数。

这种数据传输方式和传统的方式有很大的区别，反向散射调制在数据的传输链中只存在一个发射器，但却能够完成双向互动的通信。这是因为，天线开关可以按照射频标签要发送的数据类型进行打开或关闭。例如，射频标签要发送的数据为"0"时，天线的开关被打开，这时候，标签的天线处于失去匹配状态，辐射到标签的电磁大部分都被反射回了读写器。反过来，射频标签将要发送的数字为"1"时，天线开关关闭，标签的天线处于匹配状态，射频标签这时候可以吸收大部分的电磁能。所以，反射到读写器的电磁能量相对减少，所返回的数据就被调制到了电磁波幅度上，从而便于区分。

3. 射频识别"离不开"的三大组件

分析射频识别系统的三大组件之前，我们首先要明白该系统的工作原理，所谓"射频识别技术"，就是利用电感或者电子耦合以及反向散射的传输特性，实现对物体的自动跟踪和识别。首先，读写器利用天线在一定范围内发射射频能量形成一个电磁场，当附着射频标签的物体进入读写器的天线场范围时，就会产生一定的感应电流。其次，射频标签通过这种电流而获得一定的能量，并通过标签内的天线场，发出存储在内部芯片的产品数据。这时候，读写器形成的天线场就能自动接收射频标签发出的数据并进行调制和解码，最后送到服务器或管理系统进行分析和处理。下图为射频识别系统的工作原理，应答器可以看作射频标签。

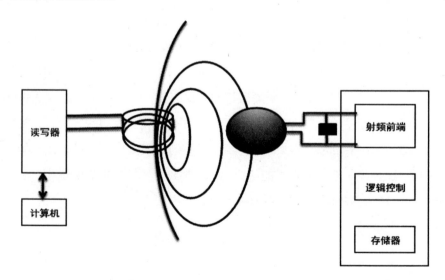

图 9-3-1 射频识别系统的工作原理

从上图可以看出，一个最简单的射频识别系统也具有射频标签和读写器两部分，当然，还有镶嵌在读写器和射频标签内部的天线。下面分别进行分析：

第一，射频标签。射频标签又称为射频卡或应答器，由 IC 芯片与内置天线组成，每一个射频标签都有一个惟一的电子编码，通常嵌在被识别对象上，存储了被识别对象的各种信息和数据。拥有惟一电子编码的还包括二维码与一维码（常见的国际条形码），但很多人混淆了三者的概念。我们可以这样区分，二维码和一维码是一类，它们都不能做到全方位识别，只能使用一个手持终端扫描，而且不能承受高温高压或者恶劣的环境。超市商品上的条形码很容易损坏就是这个原因，而且还很容易被撕坏，在酸性和碱性的作业环境下也很极易失去识别能力。而射频标签则不然，它们对恶劣环境的抗性非常强，而且不用找到标签的位置，只要让应答器靠近物体就可以识别。无论是方便性和稳定性，射频标签都远远超过二维码和一维码。

射频标签根据供电方式、作业频率和数据调制方式的不同，可分为三类。

（1）根据供电方式划分，可分为无源射频标签和有源射频标签。有源和无源可以理解成有无内置电池，有源射频标签完全由内部的电池供电，其能量储备非常充足，可识别距离可以达到几十米，甚至百米开外。但缺点就是价格过高，使用寿命很短。即便内置的电池被高度压缩，也还是要占用一定的空间，不能制作成薄卡，也不适应在恶劣的环境下作业。

无射频标签无需内置电池，依靠耦合读写器发射的电磁场能量获得自己的作业能源，具有重量轻、寿命长、体积小、成本低等显著特点。另外，它对恶劣环境的抗性也较强。缺点是发射距离短，一般不到一米，极限距离也不过几十米，而且需要大发射功率的读写器作为支持。

（2）根据数据调制方式划分，可分为被动式标签和主动式标签，主动式射频标签也是自带电池进行供电，可以将数据主动发给读写器，可靠性高，传输距离也远。而被动式标签是由读写器先发出查询信号激活射频标签，然后进入通信状态。两者各有优缺点，具体见下表：

规格	能量来源	工作距离	储存容量	信号强度要求	价格	工作寿命
主动式标签	电池供电	可达到100m	16KB 以上	低	高	2~7 年
被动式标签	外在电磁感应供电	一般为 3~5m，最高可达到 20~40m	通常小于128B	高	低	更长

表 9-3-1 主动式和被动式射频标签的对比

（3）根据工作频率划分，可以分为 30~300KHz 的低频、3~30MHz 的高频、300MHz~3GHz 的超高频和 2.45GHz 的微波。不过，射频识别所占据的频段在国际上有统一的划分，不同的频段代表着不同的工作方式（电感耦合或电磁耦合）、识别范围和设备成本等。

一般情况下，低频射频标签的典型频率为 125KHz 和 3KHz，中高频段射频标签为 13.56MHz，特高工作频率为 433MHz 和 915MHz，微波射频标签为 2.45GHz 和 5.8GHz。下表记录了几个典型频段射频系统的特点。

频段	描述	作用距离	穿透能力
125~134KHz	低频（LF）	45cm	能穿透大部分物体
13.553~13.567MHz	高频（HF）	1~3m	勉强能穿透金属和液体
400~1000MHz	超高频（UHF）	3~9m	穿透能力较弱
2.45GHz	微波（Microwave）	3m	穿透能力最弱

表 9-3-2 几个典型频段的射频系统的特点

第二，读写器。读写器可以实现数据的传输读写，除了显示射频标签信息，也可以同电脑其他系统进行组合，完成对射频标签的各种操作。读写器拆分后为 7 部分，分别为硬盘驱动器、传输设备、编程器、通信器、查询器、扫描器和读头。

读写器是射频识别系统的重要组成部分，在识别系统中的作用非常重要，因为读写器的频率决定了射频识别系统的作业频率，而读写器本身的功率影响着射频识别的有效距离。读写器的功能主要体现在以下几个方面：

（1）完成读写器和射频标签之间的通信功能，这也是最常见的功能。

（2）读写器可以通过 RS-232 等接口实现自身与计算机之间的连接通信，并与计算机的网络进行连接，提供射频标签上的数据信息。

（3）读写器具备防碰撞功能，可以实现一个读写器同时解读多个电子标签。

（4）读写器除了能读取静止的射频标签，对快速移动中的电子标签也可以实现快速读取。

（5）读写器可以检查出解读过程中的错误信息，保证显示的数据准确无误。

（6）相对于有源电子标签而言，读写器能够读出内置电池的相关信息，如电量等。

因此，读写器的主要任务是触发存储商品信息的射频标签，并与射频标签建立通信关系，在电脑与非接触的商品之间传输数据，完成非接触类通信的一系列步骤。例如，通信的建立、身份验证和防止碰撞等都是由读写器来完成的。下面是读写器的基本工作流程图：

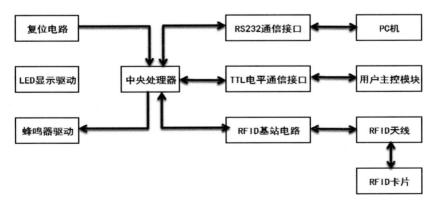

图 9-3-2 读写器的基本工作流程

按照基本构成来说，读写器分为硬件部分和软件部分。软件部分不需要使用者自己下载，它们在出厂时就已经被固化在了读写器模块中，可以对读写器接收到的指令进行反馈、对射频标签发出各种动作指令。硬件部分可以简化为控制系统和高频接口，高频接口由发送器和接收器组成，控制系统则采用专用集成电路和微处理器来实现其功能。此外，读写器还需要可以发射电磁波的天线。

高频接口又被称作射频模块，其主要功能有：高频发射电磁波、激活射频标签为自身提供能量、对发射信号进行调制，然后将数据传输给射频标签，并接收无线信息。控制系统也称为读写系统，可以与数据管理软件进行数据传输，并执行从该软件发出来的各种指令。

第三，天线。天线可以看作一个转换装置，它能将接收到的电流信号转换成电磁波，也可以将电磁波信号转换成电流装置。天线在射频识别系统中起到了连接和枢纽的作用，射频标签和读写器都需要安装天线。可以这么说，天线是射频标签和读写器的空间接口。根据射频识别系统的工作原理，读写器和射频标签之间的天线耦合分为电感耦合模式和反向散射耦合模式，分别应用于低频识别和微波识别。单从天线方面来说，射频识别系统中一共分为两类，一类是射频标签的天线，一类是读写器的天线。

（1）射频标签的天线。该类天线必须要嵌入很小的射频标签内，所以要求的体积必须要足够小，并且要有一定的覆盖方向性，不仅可以为射频标签提供尽可能大的信号，也为其提供能量。作为射频标签里易耗损的部件，天线的价格非常便宜，但在选购的时候要特别注意天线的品类、阻抗和应用到射频标签上的射频能量。

（2）读写器的天线。射频识别系统中的读写器必须要通过天线来发射能量，形成一定的电磁场，并通过电磁场对射频标签进行刺激和感应。也就是说，电线所形成的磁场范围就是识别系统的可读取区域，任何识别系统都必须具有天线，用来发射和结束识别信号。尤其是在电感耦合识别系统中，读写器天线主要用于产生电磁圈，而电磁圈可以向射频标签提供电源，并维持射频标签和读写器之间的信息传输。所以，读写器的天线设计首先要保证的就是线圈的电流足够大，这样才能产生最大的磁通量。其次，功率一定要匹配，以实现最大程度的利用磁通量。要具备足够的带宽，保证信号的传输。

4. 怎样选择合适的射频系统

对于一个射频识别系统来说，标签的封装形式、多标签同时识别性、识别距离、工作频率、安全需求和存储容量等都是考虑的重要方面。如何选择最合适的识别系统，也必须要从这几个核心点考虑。

第一，工作频率。射频识别系统的工作频率是最基本的技术参数之一，根据射频标签应用范围、成本和技术可行性的不同，射频系统所采用的工作频率也不尽相同。一般情况下，读写器和射频信号所能发射和识别的频率划分为低频、高频、超高频和微波。具体的频段数值上文提到过，此处不再赘述。

需要了解的是，不同的射频频率所表现出来的识别距离和传统能力有很大的区别。一般情况下，低频的传输距离近，可以利用的频带窄，数据传输的速率也较低，也较容易受到干扰。但低频的优点也是显而易见，比如穿透能力较强、能够轻易穿透水、金属、各种生物等导体材料。与之相对，高频段虽然传输距离远，速率较高，设备成本也较低频要低，但其穿透能力较差，可以轻易被金属等导体将信号吸收或阻隔，导致数据传输错误或信号衰减。

第二，作用距离。射频识别系统的作用距离指的是信号接收传输的有效距离，影响这个有效距离的因素有很多种，主要有射频标签的定位精确度、多个射频标签之间的最小距离和和读写器工作范围内的标签移动速度。

例如，我们经常使用的公交车卡需要靠近读写器才能被识别，发生晃动的现象的时候很可能会造成识别不成功，因此，它的定位速度非常慢。在这个系统中，识别的最小距离就是两个乘客刚进入车门的距离，所以，公交车卡的最佳作用距离为 5~10CM，更大的作用距离可能会引发一系列的问题，导致读写器同时读取多个乘客的信息，这不仅会让司机难以看清乘客的刷卡情况，也容易造成乘客的多刷或漏刷。

另外，标签和读写器的最大识别距离和速度共同决定了标签在读写器磁场范围内的停留时间，在对快速移动的物体进行射频识别时，标签在读写范围内的停留时间必须要满足物体以最大速度移动时进行数据传输的最低需求。

第三，安全要求。安全要求指的是加密和身份认证，特别是政府部门的门禁系统，很容易成为各种敌对势力攻击的对象。对于这类识别系统，一开始就要分析和排查在应用阶段可能出现的任何危险攻击，因此，有漏洞或者有被攻击可能。第四，存储容量。射频标签所能出储存的数据量不同，整个系统的价格也不同，现在的大型超市不选择使用射频标签，而继续用一维码标签的原因就是成本问题。而两者成本差距大的一个重要原因就是射频标签的存储容量，有源的射频标签存储容量一般为 32KB，足以承载货物清单和各种测试数据，但存储容量永远都是不够用的，就像我们使用的电脑硬盘，以前 80G 算是大硬盘，而现在，1TB 左右的硬盘容量才是标配。同理，射频标签的容量也会随着需求的增加逐渐扩大。

第五，多标签同时识别性。在很多情况下，系统需要对多个电子标签进行识别，这就需要考虑多标签的识别性能，而该识别性能也与电子标签的移动速度有很大的关系。

第六，电子标签的封装形式。在不同的工作环境中，射频标签的大小、形式各不相同。射频标签的封装形式不仅影响到系统的工作性能，而且影响到整个系统的美感和安全。例如，在商品保护方面，如果安装了射频标签，那就要保证标签足够小，不能让别有用心的顾客发现并拿掉它。

对于射频识别系统的评估除了这几个重要方面外，还包括生产、市场和环境因素，这些属于外因，不属于技术范畴。不过，在内因考察完后，外因也是要涉及到的。

5. 射频识别实战设计——不停车收费系统（ETC）

不停车收费系统的常用叫法是电子收费系统，就是利用车辆自动识别（AVI）技术完成收费站和车辆之间的数据通信，再过计算机网络进行收费数据的分析和处理，最终实现不停车自动收费。ETC收费系统在高速公路上的应用最为重要，它可以让车辆高速通过并自动收费，不需要人员值守，弥补了收费成本高、车辆排队拥堵等缺陷。

所谓"ETC系统"，就是通过非接触式、远距离射频识别技术，实现车辆在快速移动下的高效识别。目前，ETC系统的识别距离最高可达到10m，由于作用距离的限制，其工作频率相对较高。一般情况下，ETC的频率为5.8GHz左右。

在分析收费系统的设计原理之前，首先要搞清楚其工作流程：车主先到客户服务站或代理机构购买车载射频标签，交付一定的贮存金额，发行系统向射频标签写入车辆的识别码，并在数据库中存入该车的所有信息，如车主姓名、身份证号、车牌号、颜色、车型和电话等，车主得到射频标签后，将其放在前窗玻璃上就可以了。当车辆行驶到ETC收费关卡的时候，关卡内读写器的天线将会发出电磁波来激活射频标签，感受到能量的射频标签将会向关卡的读写器传送车型代码，而读写器也会将时间信息记录在射频标签的存储器内。

车主办完业务，开车行驶到出口关卡时，关卡中的读写器和射频标签相互认证，并通过天线读出车型代码和驶入进站口的时间信息。读写器将这些数据编辑成数据文件，上传到收费结算中心，并连接银行系统为顾客的储值卡进行扣费。

如果是无卡车辆通行，关卡读写器的天线会自动启动栏杆，关闭收费通道。如果车速过快，栏杆没有拦截住，则会启动逃费抓拍录像，将逃费车辆的车牌号和车头录下来，连同逃跑时间一同传给控制器记录在案，以备事后依法处理。工作流程明确后，我们再来研究框架设计。ETC 系统的主要组成包括查询系统、收费管理系统、数据接口、车道控制器、收费数据采集和收费站。

收费管理系统包括收费站服务器和监视器，该系统是整个收费系统的控制和监视中心，它主要有五大功能：（1）收集其他系统的费用和时间等信息；（2）监控所有收费站系统的运行状况；（3）管理所有射频标签和用户的详细资料，并记录车辆的通行情况和射频标签内的用户信息；（4）生成各种图表和统计分析报表；（5）查询缴费、入账以及车流量等信息。

工控机和车道控制器主要用于收费车道的设备管理和控制，采集并上传收费数据和控制外围设备。

ETC 除了包括以上的系统组件，还包括本章已经分析过的读写器和射频标签。另外，车辆检测器的设计也是非常重要的，它是高速公路交通管理和监控的重要组成部分之一，通过数据采集和设备监控的方式，实时检测车辆速度和车流密度等数据，并将数据通过通信网络传送到本地控制器或直接传输到工控机中，作为其判断、分析数据和提出控制方案的重要依据。测量检测器除了采集各种交通信息外，还可以充当 ETC 系统的开关，检测到有车辆进入站点时，就能对其进行智能识别，并完成自动收费。

另外，考虑到电子收费系统需要常年在室外作业，经常会遇到各种恶劣天气，其硬件设施很容易遭受污染。例如，带有酸性的雨水很容易侵蚀系统组件。因此，其核心空间一般采用冗余设计，也就是双核控制，即嵌入式系统和单片机控制。一般情况下，单片机负责大屏幕显示，嵌入式系统负责系统控制。它们之间相互连接，并传输信息，一旦某一个系统处理器工作异常，另一个系统就会迅速报警，并暂时接管不正常处理器的工作，直到故障排除。

双核控制系统中，嵌入式系统和单片机都有一系列控制器，都可与射频标签进行信息交换，也可以采集磁场的各种脉冲信息，也可以控制栏杆、红绿灯、显示器等外设。单片机和嵌入式系统每次都先检测对方的工作状态，出现紧急情况则会快速启动替代程序。

6. "射频" 之外的识别技术

不可否认，射频识别确实是物联网系统最为常用的识别技术，但就自动识别技术本身而言，很多自动识别技术都和物联网有千丝万缕的联系。例如，语音识别、光学字符识别、生物识别、条形码识别等。

第一，语音识别技术。语音识别技术又称为自动语音识别，其最基本的工作原理就是将人类话语中的词汇转换成计算机可以识别的二进制编码或者字符序列。声音识别是一种无需接触就可以识别的技术，也可以看作是生物识别的一种，它最大的优势就是无需动用四肢或者眼睛，这对手脚协同操作和需与电脑交换数据的工作尤为适用。

语音识别的方法有很多，最初是利用变动倒频技术，使用傅里叶变换。后来，语音识别又出现了平均频谱法、矢量量化法以及多变量自回归法。语音识别系统的成本很低，有一套廉价的声卡和麦克风就可以，使用也非常方便。但这种识别技术有一个缺点，就是不准确，因为一个人的语音会在不同的时间段有不同的变化，生病、情绪压力或者声带受伤等都会导致识别系统的误判。而且，该识别技术也不适用于以电池为能源的移动应用。

第二，光学字符识别。光学识别又称作光符号识别，就是通过扫描仪、数码相机或其他光感设备检查纸上打印的文字，通过文字所表现的亮和暗确定其形状，然后通过字符识别方法转换成计算机语言的过程。这种识别技术主要识别纸上的印刷体字符，可以用光学的方式将文字转换成黑白点阵图像，易于计算机识别。

光学字符识别技术看似简单，其实内部流程相当复杂，从形成点阵图像到转换成功，必须要经过图像输入、图像前处理、文字特征抽取、识别比对。最后再依靠人力将认错的文字改正，最后输出结果。所以，该技术的正确率并不高，而衡量一个光符号识别系统的优劣主要从误判率、识别速度、系统稳定性以及用户操作界面的优化程度来综合分析。

第三，条码识别技术。条码识别分为一维码识别和二维码识别，就是通过宽窄不同的线条组成的二进制编码进行激光扫描来识别字母或商品信息。目前，大多数超市的商品都采用了一维码。

二维码的出现是为了弥补一维码无法满足的需求而产生的。一维码的存储容量有限，只能对商品做出一定的标示，却无法对商品进行详细的描述，而二维码却能够从横纵两个反向表达商品信息。

第四，生物识别技术。所谓"生物识别技术"，就是利用人体的生理特征和各种行为特征，来进行个人身份的识别和鉴定。该技术涉及的学科很多，有光学、声音学和统计学原理等，通过指纹、虹膜、笔记、步态等进行识别。

由于生物识别的不可复制性，人们不必记住口令和密码，也不必携带IC卡、钥匙等物品。因此，生物识别技术具有很高的安全性和准确性。

第十章

工业物联网：

物联网对工业自动化意味着什么？

　　随着工业技术的发展和市场竞争的加剧，产品的生产效率、质量和能否满足用户的个性化定制成为了竞争力的体现。为了减轻劳动强度，适应大规模生产的需求，工业自动化应运而生。2000年以后，信息技术取得了突破性的进步，并将企业数据化系统和互联网联系到了一起，实现了基于互联网的第五代工业自动化系统——工业物联网。

　　从电气仪表、总线布控到无线传感、通信技术，物联网在工业领域不断深化，而无线通讯设备能够在车间内实现智能设备、机器人和各种自动化设备之间的高速互联，并建立灵活的网络拓扑结构。目前，感知网络已经全面应用于工业领域，实现了工业环境下的物联网建设。

　　所以，我们可以认为工业物联网是工业自动化的延伸和创新，它将传统的工业传感器升级到智能传感器、数字化传感器和嵌入式web传感器。而且，工业物联网的内涵和意义不断丰富和发展，使工业设备逐渐实现了网络化、智能化、数据化和微型化。

1. 具有深刻"内涵"的工业物联网

位于美国波士顿的数据分析公司，在 2016 年 1 月份发布了一份物联网产业预测：截止到 2020 年，全世界工业物联网的总产值将达到 1500 亿美元。由此可见，工业物联网的发展潜力巨大，已经成为了物联网产业的重点发展领域。

工业物联网的一个重要目标就是将工业自动化技术、网络通讯技术以及信息安全技术广泛融合，把最新一代的技术充分运用到实际的生产建设中，简单来说，就是把传感器设备节点嵌入或放置到电网、供电供水系统、堤坝、隧道、建筑或矿井管道等物体中，实现物体与人类的巧妙整合。物联网最显著的优点就是提高工作效率，节省资金和资源，推动自动化设备的更新换代，促进生产关系的进步，推动人类社会发展。总体来说，工业物联网的"内涵"分为三个方面。

第一，企业单元。企业单元分为三部分，即企业本体、输入单元和输出单元。其中，企业本体泛指从事实际生产运营的大中小型企业，包括了企业所有运营、生产、管理的环节。输入是将企业看作一个整体，将外部的各种材料、信息、能源和数据送入企业内部，而输出就是将完成品、排放和其他衍生品等资源送出企业的步骤。企业单元是工业物联网的基础构成单元，工业无线网的建立，就是以企业单元为基本节点，互相连通形成一个完整的网络体系，再基于这种网络实现智能应用和信息共享。例如，企业管理加上数据平台，就是将企业中的输入、输出和企业本体中的"数据"要素作为主题，并运用一定的技术进行整合搭建，形成一个工业物联网系统。

第二，类工业领域。实际工业领域的生产开发中存在着某些大型的企业，例如，中海油、中国石化等，这些企业规模大，工作内容范围广，往往一个子系统就可以成为一个独立的企业，有着一般企业必不可少的主体、输入和输出环节。例如，电力系统中的输配站、电子调动中心和发电厂都可以作为独立的企业。这些类企业单元构成属于工业领域中比较特殊的一种，而它们也包含在工业物联网的概念范围中。在类工业领域中，工业物联网中的应用一般称为"垂直应用"。

第三，广义工业。狭义的工业就是依靠人力或自动化设备采集原料，并把它们在工厂车间中进行生产的工作和过程。而基于物联网技术的工业已经超出了传统的定义局限，不仅仅包括生产，还涵盖了各种与工业相关的领域，甚至延伸到公共服务。可以这么说，广义工业就是指公共事业。广义工业的产生来源于物联网物物相连的特性，具有普通物件设备化、智能终端互联化等特点，这预示着工业物联网已经脱离了工厂和工业生产，融合到了整个社会与国民经济的体系之中。

其中，工业物联网"内涵"的三个方面都预示着资源、技术和领域的整合与统一。例如，在大数据时代，水利、电力等设施的运行数据、汽车行驶数据和工业锻造数据和其他行业的各种数据都要被准确无误地记录下来，面对如此庞大的数据量，我们很可能需要大型服务器、卫星、传输速率快的网络等，而这些设备每天的费用成本并不是每一个企业都能承受的。这时候，云计算、云存储和一站式数据分析处理平台出现了。提供这些服务的团体允许企业外包，并且按使用量或时间收费。这其实就是一种工业资源的整合。

未来的工业物联网市场还可以衍生出三个独立的业务——人员货物追踪、设备追踪和环境监测，其中，设备追踪占30%，环境监测占30%、货物跟踪和人员跟踪占到35%。这三大独立业务的比例也许在未来会成为工业物联网的全部。以美国联邦快递为例，该公司内部的资源系统已经相当完善，主要的工作重点就是跟踪自己的资产、设备、运送人员和货物以及进行环境监测。而要完成这些只能依靠工业物联网，也只有实现设备的互联和感知，才能提高业务的安全性和时效性。

除了对行业发展的助力作用，工业物联网本身也被反作用，带动了其自身技术的完善与更新。例如，某网络公司开始尝试利用窄带传输技术设计物联网的传输通道，代替了之前的蜂窝通信技术，虽然也需要设计基础站点，但成本低廉，可以使用户的硬件成本降到 1 美元以内这种模式的出现，也是物联网技术的一次创新。

2. 工业物联网的"另类"结构

根据国际电信联盟提出的基本定义，物联网在技术架构上可分为感知层、网络层和应用层，还有负责信息数据传输的通道，我们也可以将其算作传输层。当然，对于服务于工业领域的工业物联网来说，这些传统架构必不可少，但工业物联网作为物联网的一个分支领域，其内部架构以专用网络和仪器仪表为基础进行构建，其自身的体系和技术也与传统的物联网不尽相同。单从体系结构而言，工业物联网具有如下技术特点：

第一，嵌入式。嵌入式技术是工业物联网的核心技术，它是将无任何"意识"和"感知"的物体实现智能化的关键，该属性使物体具有了根据外部环境自动变化的适应能力。

嵌入式的主要技术特点就是将软件和硬件相融合，利用了嵌入式 CPU 的小体积、低功耗、高集成度以及软件的效率高、可靠性好等特点，综合了智能机器人技术，推动工业物联网实现智能环境。

嵌入式系统的硬件由嵌入式 CPU、总线设备和存储器组成，可以在工业设备的终端嵌入各式各样的智能传感器，并采集和分析相关数据。工业物联网用到的传感器包括温度传感器、速度传感器、光学传感器和压力传感器，嵌入式系统的软件包括文件系统、操作系统、图形客户端接口等，软件的嵌入也成为固件技术。固件是工业互联网最基本的工作软件，决定着硬件设备是否能正常运行，也影响着工业设备的性能和功能。

第二，高度异构。在广义上讲，工业领域的数据之间结构差异非常大，也就是高度异构性，这和传统物联网中的数据重复化截然相反。在工业物联网中，每个不同领域的企业物联网应用系统中都包含着方方面面的不同数据，比如工程坐标、温度、物理尺寸、浓度、酸碱度和各种繁杂的企业运营和管理数据等。而且由这些数据组成的数据库之间也存在着异构，因为运行这些数据库的设备各不相同，包括大型服务器、小型机、个人电脑、工作节点和嵌入式主机等。此外，支撑各个数据库系统的操作系统也有异构现象，如贝尔实验室的UNIX 系统、微软的 Windows NT 以及 UNIX 的克隆系统 LINUX。总之，不同厂商的系统都可以加入进来。

其实，数据管理系统本身也存在着异构，如基于关系型数据系统的甲骨文服务器或者是结构化查询语言服务器等。当然，也可以是不同数据集合的数据库，例如，函数型、面向对象、层次、网络、模型和关系异构数据库系统。简而言之，工业物联网中的实时数据、关系型数据和媒体数据共同存在，公用和专用网络也是共存，其内部的行业、企业以及其他领域都有高度的异构性。

第三，数据庞大。相对于传统的物联网，工业物联网所设计的范围更加广阔，跨越了多种企业、行业和领域，其中包含的数据量要远远大于传统的物联网数据。迄今为止，越来越多的企业需要操作大量的数据，例如，统计部门的数据整合、水利部门的水文数据和气象部门的气象数据。这些部门处理的数据量超出了我们的想象，这就决定了工业物联网所包含的数据量要远远大于传统的物联网系统，它不仅包括各种报表数据、文字、声音、图像和各种空间数据，还包括超文本等各种文化和环境数据信息。此外，目前的大部分工业企业内部的数据多为类型繁琐的非结构化数据，这就决定了商务智能建设和数据分析的复杂性。

随着信息技术和网络技术的发展，企业非结构化以及类型复杂的数据日益增多。据统计，非结构化数据有 80% 以上都存在于社交网络、工业互联网和电子商务行业之中，因此，大数据是物联网体系结构的一个明显特征。

第四，安全需求高。和传统的物联网应用相比，基于工业物联网的企业往往有着更高的技术要求和经营风险，当然，利益回报也较高。在利益的诱惑下，很多黑客打起了盗取物联网内部数据的主意，因此，工业物联网尤其注重的就是安全问题。在网络安全技术、智能化设备排查漏洞、隐私保护和安全管理等方面，工业物联网的标准明显要高于传统物联网，很多研究团也都在尝试对工业物联网的技术逻辑结构进行重新分层和组合，以便建立更加稳定、安全的工业物联网环境。

3. 车间内部的技术——物联数据

众所周知，物联网的建设离不开大数据，而工业领域的大数据又分为四大类：物联数据、工程类数据、公共资源数据和管理类数据。其中，和工业物联网关系密切的就是物联数据。在传统的工业体系中，只能由人作为数据采集终端，用流程来固定设备的运行和工作，最后利用指标来衡量和评价组织的效率。而基于工业物联网的企业可以将人和物连接起来，再使物与系统产生联系，也就是把数据采集端由人变成物，由系统或人进行数据的分析和决策。基于这种大数据技术的物联网在工业领域的应用非常广泛，典型的要数车间的产品制造和生产管理。在车间内部，物联数据的应用主要有三个方面。

第一，物联数据的组织方式。车间物联网一般通过无线网络通讯、导航定位、语音视频系统、射频识别设备和传感网络等组件，把制造流程和制造资源连接起来，形成人力、机器、原料、环节信息链，从而对这些资源进行自动化的跟踪、定位、识别、管理和监测。资源有两种属性。分别为静态属性和动态属性。

例如，车间内的一个智能机械手臂有设备编码、设备分类、设备名称、管理信息工作环境、切割参数、进给速度等静态属性，也有维修记录、设备负荷率、设备完备率和机械臂状态等动态属性。静态属性不随时间和生产的变化而变化，并在生产计划开始之前就已经确定，是车间管理维护中的恒定数据。而动态属性随着时间的推移、生产过程的进行和人为的修改而发生变化，可以这样说，动态数据就是一直处于变化之中的数据，车间物联网的数据有 80% 以上都是动态数据。下图就是车间物联网的数据体系架构，从中可以直观地看出动态数据的数量和分布特点：

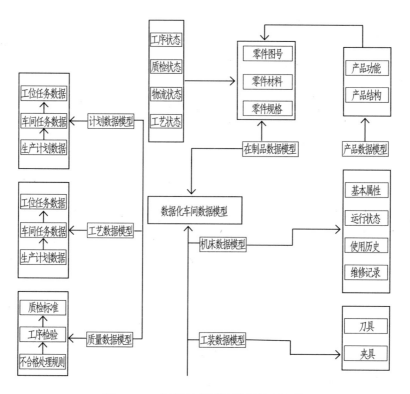

图 10-3-1 车间互联网的数据体系架构

第二，物联数据的管理方法。车间物联网是一个非常繁琐的数据系统，它涉及数据管理的方方面面，包括数据存储和分析、复杂事件处理、数据集成和融合、数据质量控制以及安全访问机制等。

数据存储和分析很好理解，就是利用大型服务器或者云服务器将数据保存下来，然后利用云计算进行分析和处理。此外，其他四个方面则需要重点说明。

（1）数据质量控制。工业物联网的数据质量一般用完整度、置信度和精确度三个指标来确定，而数据质量包括射频识别质量和传感器网络数据质量等方面，采取的控制方法有清除误读、多读和冗余数据，将漏读的数据填补或者用概率统计和时空关联进行数据清洗。

（2）数据集成和融合。物联网数据空间具有类型多、异构和无统一规则等特点，所以，集成与融合可以分为五个方面：①车间内部的制造资源瞬息万变，这种变化很容易对数据的同一性、版本和模式更新等产生影响，所以要能及时的记录数据的变化过程；②以聚合数据模型为基本，研究怎样把异构的信息映射和转换到统一的数据框架中；③物联网中的数据都是独立分布的，在数据融合过程中，有时候需要自发探索出数据源；④为了寻找数据的溯源，一定要记录每一组数据的来源；⑤车间内的生产资源是不断变化的，这影响到了数据模式的更新、版本和一致性。

（3）复杂事件处理。在典型的车间物联网中，复杂事件的处理一般依靠上层系统。该系统可以监测各个部件的行为和状态，并控制部件按照一定的程序做出正确的反应、完成一定的工作，而物体的行为一般靠事件的形式来表达。

（4）安全访问控制。开放性是物联网的一大特点，有促进物联网飞速发展的作用，但同时也带来了不小的安全隐患。物联网系统中的海量数据和信息很容易被黑客通过技术手段破坏和修改，如果对方结合信息检索技术和推理技术，就有可能推算出物联网中的隐私数据，这给工业物联网的安全问题增加了不小的挑战。

第三，物联数据的应用模式。

（1）物联车间的生产管控。车间生产控制和管理中心作为整个生产的

"大脑"，需要调度和计划车间的各项资源和工作能力。该区域通过集成MES、MDC、ERP 等系统数据，以液晶大屏幕作为载体，显示出各个车间的生产情况、突发事件、改造情况和任务追踪等，并结合精细生产理念，对各个工作单元进行生产工作的全程管理、统计、归纳、预测和分析，实现数据的透明化管理，直观地展示企业生产任务的执行情况，提供更加准确的决策分析，确保生产任务可以准时顺利地完成。

（2）物联车间的质量控制。有时候，工厂生产的产品次品率很高，而且原因复杂，看似很难解决。例如，很多生产钢铁的车间加工出的成品钢材表面会形成一种纵条纹裂痕，不仅影响产品的效果和外观，还对产品的电磁性、碟片和层间电阻产生不小的影响，最终给对企业带来巨大的损失。而数据挖掘技术却像一根救命稻草，它可以对生产工艺流程和生产环境进行数据分析和整理，筛选出影响产品质量的所有可能原因，并建立优化模型，降低次品率，提高生产效率和质量。

4. 工业物联网的"三链一力"模型

对于工业企业而言，工业物联网的发展可以促进产业"聚焦"，集合各处有限的资源、人才和技术等要素实现特定的计划和目标。为了保证"聚焦"战略的准确性，专家们提出了"三链一力"模型，既产业链、价值链、技术链和竞争力。"三链一力"的理论基础是："任何一个高新技术产业的发展都依赖于支撑该企业的技术进步，而任何一种技术从基础研究到应用基础研究，再到具体的应用，都会形成一个持续进步的技术锁链。随着技术的不断发展和推进，企业根据投入和产出的关系形成了对应的产业链，在产业链的不同节点，由于市场、技术控制的难易度和消费对象的不同，生产出的产品价值也存在较大的差异。这又形成了从低到高的价值链。"

由此可见，技术链、产业链和价值链环环相扣，而所谓的"三链一力"分析模型就是对某个工业企业的价值链、产业链、技术链和竞争力进行综合的研究和分析，并基于分析做出聚焦和诊断的模型。模型分为两个方向，一是对三链进行深刻的分析，弄清楚企业内各个环节的技术、价值特征、发展趋势和现状；二是对竞争力的深刻分析，分析自己的企业或产业在三链上相对于现有的对手与潜在的进入者存在哪些竞争力，优势和劣势又是什么，得出的相对竞争力越强，越要优先发展该领域。下面对"三链一力"模型进行详细解析：

第一，技术链。技术链有两种不同的特性，一是技术承接关系，即一种新技术的使用和获得是以另一种技术的使用和获得为前提；二是上下游链接关系，即产品之间的各种技术依托于产品，产品链接决定了技术的链接。不管哪一种特性，技术链的结构都呈现星状结构。具体点说就是，由一种主要技术占据中心节点，然后从这个中心节点向多个领域逐渐延伸，形成一个个分支节点，而每个分支节点又会产生许多新区域，如电力、交通、农业、国家安全、环保等。下面是技术链的结构图：

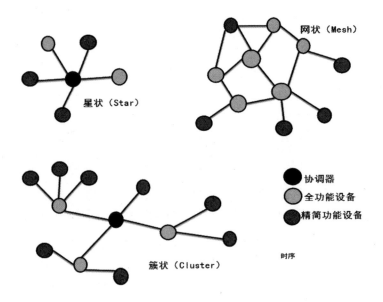

图 10-4-1 技术链的结构

单从技术本身而言，技术链包括了工业物联网所需的各种标准和技术。标准有应用标准、产品标准和代码标准，技术包括无线射频识别技术、传感网络技术、扫描技术、IPV6 技术、无线传输技术、4G 通信技术、云计算技术、大数据技术、软件系统开发技术和网络、安全技术等等。这种分类方式可以更直观地反应工业物联网本身的承接关系。所以，可以把工业物联网一个技术体系；它所依靠的技术有多学科、多领域的特点，有时也会出现技术融合或者重复的现象。另外，工业物联网也是物联网的一个核心领域，两者的技术架构是相同的，聚焦工业物联网的技术链，对了解物联网的核心技术有着非凡的意义。

第二，产业链。工业物联网的产业链是由产业间的核心技术决定的，也就是说，产业链的基础也是技术。工业物联网的产业链是典型的链状结构，包括标准定制、传感感知、传输通讯、计算处理和解决方法。我们分别来分析：

（1）标准定制。这是工业物联网大力发展的核心条件，不建立正确的标准，企业和行业之间的应用标准很难达成一致，而工业物联网的各个项目之间也很难产生联系。

工业物联网产业发展的计划首先是占据标准的最高点，其次才是专注于技术卡位。但是，标准定制是一个非常困难的过程，涉及很多基础标准，如射频识别标准、云计算标准、数据安全标准等，即便抛开这些应用，还有一些用户认证、业务章程、业务标志等规则需要遵守。因为这些标准处在产业链的最顶端，掌握了标准就等于掌握了话语权，也就很容易引领和垄断整个产业。例如，很多企业的标准定制中有很多知识产权，其他企业在使用和封装其产品时就要支付一大笔费用。因此，企业要想在工业物联网上有所突破，前提就是占领标准定制的最佳时机。

（2）传感感知。传感系统作为工业物联网的"神经末梢"，起到基础的连接和管理对象的作用。传感器是整个产业链中总量最多、需求最大的设备，运用射频识别、传感网络、WiFi 等通信方式，可以实现数据和工业的融合。

（3）传输通讯。工业物联网把传感器采集的数据传输到互联网上，实现了互联网和工业传感网的巧妙连接，像电信网、计算机网和有线电视网就是工业物联网可以利用的中、远距离有线网络。这种物联网与互联网的通讯不仅可以节省大量的建设费用，还能够让数据传输借助互联网的高速，达到快速、安全、可靠的目的。

（4）计算处理。在应用物联网技术的工业企业中，大量的传感器被嵌入到各种设备之中。而目前的企业数据大部分都是复杂的非结构化数据，要解决如此海量的数据信息，就需要有强大的计算处理能力。集中式的超级计算和分布式的云计算将成为物联网运算发展的两条重要道路。

（5）解决方法。在工业企业中，设备与设备、设备与网络之间一般依靠适配器、中间件、软件总线和物联网软件实现高速、高效的联通。但是，不同的设备和领域技术差距很大，企业内部信息化的诉求也是千差万别，因此，只有采用不同的应用解决方法，才能适应工业物联网的多元化，实现提高生产力的最终目的。

第三，价值链。价值链的官方定义为："用来进行设计、生产、营销、交货等过程及对产品起辅助作用的各自相互分离的活动的集合。"简而言之就是，对企业内部产品生产和其他活动进行分解，通过考察这些产品和活动的关系来确定企业的竞争优势。另外，企业价值链并不是单独存在的，而是渗透于买方价值链、渠道价值链、企业价值链和供应商价值链之中，价值链也并非一成不变，而是随着企业的历史战略逐渐动态变化。价值链的特征主要有四个方面：

（1）构成价值链的每个环节都是一个有机的整体，它们相互制约又相互依存。上游环节和下游环节都存在着海量的物质、资金和数据，是一个价值增长的过程，同时，产业中的各个价值链又相互交错，形成一个个多层次结构的网络。

（2）价值链内部各个环节的技术关联性非常强，且具有层次性。

（3）价值链各个环节之间存在着盈利能力和增加值的差异性。

（4）价值链内部的各个环节对要素的种类和需求存在区别，不同的环节对技术、资金、规模、人力的使用和需求各不相同，具有不同的区位偏好。

对目前物联网价值链的整体现状进行分析，硬件厂商的价值比较小，其生产的芯片、传感器和通信设备只占整体价值的15%，而70%的"大头"由系统商、服务商和中间应用商瓜分。

根据工业物联网自身的特点，我们可以推断出价值链的结构类似于金字塔，位于价值链顶端、获取价值最大的是各类标准的制定者或拥有者，标准又分为总体结构类、感知拓展类、信息通信类、相关应用类和各种安全、识别、技术标准等。位于价值链中间的是网络运营商、设备提供和集成商以及为网络提供解决方案的企业。而位于价值链最底端的则是感知传感层产业，如射频识别产业、传感器经销商等。

工业物联网的技术链、产业链和价值链并不是各自独立，而是相辅相成，存在着密切的互动关系。首先，技术链对产业链起决定作用，因为工业物联网属于高新技术，它用技术引领产业的发展模式。因此，技术链的完整是产业链形成的必要条件，技术链上各种不同技术的融合也会形成各种不同的产业链。例如，处在技术链上的射频识别和传感设备成熟之后，就能大大推动产业链上传感感知环节的长足发展。另外，价值链是技术链和产业链的具体表现，体现了技术和产业的价值所在。

5. 实战工业物联网——设计商业模式

商业模式，是一个非常常见的商业名词，大部分人都把商业模式理解为企业赚钱的方式和途经，其实，这样的理解是片面的。商业模式的官方定义为："为了实现客户价值最大化，把能使企业运行的内外各要素整合起来，形成高效率的具有独特核心竞争力的运行系统，并通过提供产品和服务，达到持续盈利目标的组织设计的整体解决方案。"在定义中，"高效率""系统"和"整合"是前提条件，"核心竞争力"是方式方法，"客户价值最大化"是主观目标，而"持续盈利"则是客观的结果。这些要素是检验一个商业模式是否可行的标准，也是设计商业模式前需要考虑的一个重要方面。

工业物联网领域的技术繁杂，标准各不相同，因此，工业物联网目前的商业模式并不清晰，产业链的价值传输和产生机制是什么，产业链上各个环节怎样体现出优势，这些优势怎样得到物联网使用者的认可，都需要我们不断地探讨和研究。这就为工业物联网的商业模式设计增加了一定的难度，在这之前，我们需要明确工业物联网商业模式的四大关键要素：

一是产品，工业物联网为客户提供的产品包括数据采集、数据处理的相关软硬件和数据传输，因此，工业物联网的产品可以满足工业企业的生产和运营需求，从而实现互动互联的工业智能化，其实，产品也代表了一种价值取向，代表了公司对客户提供有价值的产品和服务的总体规划；二是客户界面，包括目标客户、销售途径和关系类型，目标客户是公司提供的产品所面对的客户群，销售途径是与客户联系和交流的方式方法，而关系类型则用来描述企业自身和客户之间联系的类型；三是基础设施管理，包括价值整合能力与伙伴关系，价值整合能力体现为执行可重复的行为模式能力，而伙伴关系则是在两个或多个公司之间自愿发起的合作协议；四是收入模式，描述了公司通过各种业务收入盈利的方式。

四大关键要素决定了工业物联网的设计规范，据此，我们可以将工业物联网的商业模式分为两个视角，一个是工业自动化视角，一个是工业物联网用户视角。

工业自动化视角的商业模式主要分为三大类：

第一，软件带动硬件的垂直垄断模式。目前，世界工业物联网信息化的垄断巨头有西门子、霍尼韦尔和 ABB 等，它们的工业自动化产品都实现了流程自动化、作业智能化、现场总线安全化等功能，有着非常高的可靠性。再加上丰富的算法和联网能力，这些巨头成为了工业化控制系统的主流，火电、化工等企业根本离不开它们提供的自动化软件与设备，其供应商在工业领域的地位也很难被撼动。

第二，公共基础技术系统平台的专利收益模式。工业自动化企业的技术标准各不相同，采用的工控设备和系统平台也是大相径庭，不同的局域网之间无法进行网络连接，为工业物联网的发展带来了阻碍。为此，施耐德电气公司研发了一个单一的系统平台，可以满足工业自动化与操作人员的所有解决方案，该系统使企业各个网络和接口实现了交互的中枢，贯穿了所有的部门和智能，创造了一个综合性的业务环境。

第三，通用网络基础技术平台的专利收益模式。这种商业模式是以互联网为基础，从物联网视角直接进行第五代工业自动化技术系统的研发，开发出由核心操作系统、数据库和智能接口组成的工业物联网平台。上海可鲁软件公司就是利用了这样的商业模式，以现金的 ISS 架构的全分布式物联网智能终端为标准，组成了互联互通且绝对安全的网络平台环境，大大降低了维护成本。

工业物联网用户视角的商业模式可以分为两类：

第一，系统集成的商业模式。这种商业模式比较适合自然垄断性的行业，如石油、水力、电力、天然气、铁路、航运等，这些垄断性企业的优点就是规模巨大，可以形成一个独立的智能运作体系，从而大大地节省成本。反之，如果规模可以达到一定的程度，每个标签的成本可控制在一美分。另外，自然垄断性行业一般具有雄厚的经济实力和政府的大力支持，能够以极低的成本获得工业物联网的相关设备，而其网络基础也相对成熟，拥有完备的局域网，更有利于普及工业物联网。例如，随着高铁客运专线建设的逐渐加快，对铁路智能化和信息化的要求变高，铁路内部的工业物联网正在朝着移动化、宽带化、数据化方向发展。铁路系统规模巨大，完全可以通过网络技术实现车票的识别和防伪、数据共享、集装箱监控和追踪、仓库管理、远程维护和作业。

第二，公用平台的商业模式。这种商业模式的设计思路就是找寻某领域企业的共性，挖掘行业内企业的相同需求，这些行业通常比较分散，市场集中度不高，公司规模相对较小。例如，制造业需要采购的大量设备就是传感器，传感器安装好后，需要通过一个网络传输平台，实时进行信息监控和数据处理，但网络传输平台的价格不菲，这就无形的增加了企业的经营成本。随着平台提供商的出现，这个难题迎刃而解，生产企业只需要租用一个平台，将海量的数据储存在第三方公司的数据库中，就可以省去自己购买平台的巨大开支。

工业自动化视角和工业物联网用户视角虽然可以涵盖绝大部分企业的商业模式，但中国的电信运营商却对自己的商业模式有独特的设计思路。众所周知，工业物联网的完善需要信息高速公路的建立，这样才能逐渐达到万物互联、信息互通的目的，因此，电信运营商的影响力不能忽视。全球电信运营商的商业模式通常有四种设计方法：

第一，间接提供网络连接。由应用商直接租用电信运营商的网络，并做出整体解决方案，向用户提供各种服务和应用。这种服务在目前使用较多，但随着运营商的干涉，这种模式正在逐渐减少，运营商想将应用商挤兑出去，依靠网络和应用独享这一杯羹。

第二，直接提供网络连接。即电信运营商直接向企业客户提供通信服务，中国移动和中国电信就是为中国的金融和电力等行业提供基本的数据通道和包月流量。

第三，运营商与应用商合作。应用商负责开发客户和推广业务，电信运营商负责平台的开发、网络运营和收费。

第四，独立开发和推广。电信运营商自行搭建平台开发业务，将所有的应用和技术支持直接提供给用户。这种"自食其力"的商业模式在国外已经有几家企业试水，如 orange 公司，但因为这种模式前期投入太高，所以国内 haunted 没有运营商可以独立搭建平台并开发业务。在不久的将来，"软进硬退"必然会成为工业物联网发展的趋势，即各个企业独立的硬件系统逐渐减少，取而代之的是软件系统，而硬件都集成在一个统一的平台中，为所有连接在该平台的企业提供统一或者个性化的服务。

第十一章

云计算平台：

怎样连接物联网与云计算？

从物联网的出现到云计算的兴起，互联网都是其中不可或缺的基石。一方面，互联网是物联网和云计算相互联系的纽带，另一方面，物联网又是互联网通过传感和识别系统向物理世界的延伸，其终极目标是对我们所处的现实世界进行智能化的管理。这一巨大的使命决定了它必须要有一个巨大的平台来支撑庞大的数据运算。随着社会的发展，未来的物联网技术势必会产生海量数据，而传统的硬件系统远远达不到数据的运算需求。而云计算就是这样一个进行海量数据分析处理的最适合的运算平台，在物联网的传输层和应用层运用云计算，将会最大限度的提高运行速度。

号称物联网"引擎"的云计算，将超强的计算能力推向了世界，实现了云计算和物联网的完美融合，这是一个非常伟大的创举，也有着诱人的前景。不过，物联网云还存在着一系列的没有解决的问题。对于物联网而言，标准、安全、协议和 IP 地址都没有一个统一的标准，这极大地影响了物联网产品的普及率和通用性。对云计算平台而言，数据安全和个人隐私保护等工作做得仍然不到位，物联网云的发展任重而道远。

1. 云计算——物联网瓶颈的最佳突破口

云计算这个概念最早起源于戴尔数据中线解决方案、谷歌 –IBM 分布式计算项目和亚马逊 E2C 产品。云计算的"云"在很多情况下是代表互联网的，"云计算"的最初概念就是将计算能力放到互联网上。对于"云计算"的说法有很多种，每个领域的科学家，甚至每个行业对于"云计算"的定义都有很大的差别。目前，最权威性的是美国技术研究院的定义："云计算是一种按照使用量付费的模式，这种模式提供可用的、便捷的、按需的网络访问，进入可配置的计算资源共享，使这些资源能够被快速提供，而只需要很少的管理工作和服务互动。"

这个定义看上去比较难理解，实际上，我们只需要把云计算技术想象成一个平台就可以了。它可以容纳各种各样的应用，其中就包括物联网应用。我们之所以把云计算与物联网联系起来，主要还是因为物联网出现了发展瓶颈，而这个瓶颈产生的原因是物联网的最初概念。

2005 年，物联网被提出以后，人们对它的认识并不全面，定义也相对比较狭义。麻省理工大学的研究员们当时认为："物联网就是利用产品电子代码、网络互联技术和射频识别技术实现在任何地点和时间对任何物品的管理与识别。"这个概念是相对片面的，以致于让人们误以为物联网不需要与其他领域的技术或者事物产生联系。随着产业多元化的发展，关于物联网应用的整个生态领域都面临着新的挑战，传统的概念与定义已经完全不适应新时代的需求，跻身在物联网产业链的很多行业也开始出现不同的问题，发展瓶颈日益显现。其中，以下四类人群受到的影响最为明显。

第一，终端设备提供商，特别是传感器和无线射频技术的设备提供商。对他们来说，这些新技术虽然为行业带来了巨大的商机，但缺乏统一的规范标准，就像以前的 3G 网络一样，各大厂商为了自己的利益互不相让，而政府也不便于强制插手，最后导致本应统一的 3G 网络还是保留了 3 个标准。物联网的设备标准就更复杂了，几乎每一个厂家生产的无线射频和传感器设备都互不兼容，更不要说互联了。随着多元化进程的加快，人们坚守一个品牌"用到老"的时代早已过去，这就导致了基于物联网技术生产的终端设备适用面小，无法大规模地推广，也不能很好地普及和应用。

第二，物联网应用商。这些厂商致力于无线设备的互联和操作系统的研发，而事实上，终端设备的技术标准问题极大限制了他们。物联网应用的开发商当然想连接所有厂商的终端，也想使设备对任何系统都能适用，但事实却不是这样。物联网应用商的能力有限，最终还是要依靠设备厂家来研发设备，而设备厂商只会允许本品牌设备的互联。从产品利益最大化的角度考虑，这种做法并没有错，但却对应用本身造成了非常大的限制。与此同时，不同行业之间所涉及的领域不同，技术上的差别也非常巨大，因此，物联网的应用呈现出领域化，分工太过于明显。这就很容易造成个厂商之间的垄断，也会使物联网离万物互联的理念越来越远。

第三，服务提供商。终端设备提供商和物联网应用商所面对的局限性已经影响到了服务商，他们只能针对少量且单一的应用进行经营。技术的匮乏导致服务商处处被动，不仅无法通过大范围的服务降低成本，也不能延伸到别的行业或者得到多远化应用进行增值服务。

第四，使用者。物联网所需的终端设备和应用资源巨大，成本也较高。应用物联网的用户虽然需要这些资源，但却难以支付使用初期需投入的高额费用，这对物联网业务的拓展的影响是巨大的。互联网能够发展如此之快的主要原因也是成本的降低，成本降不下来，普及就就成了空谈。还有一点就是，物联网应用有其复杂性，能够应用的资源也相对匮乏，这就导致了用户的个性化需求得不到满足，其使用物联网的业务愿景也很难实现。

这些问题在物联网概念提出后的数年内一直没有得到解决，后来，人们发现云计算可以有效解决上文提到的很多难题。利用云计算的动态数据交付能力以及运行、配置和管理工具，能够大幅度地增进物联网感知层数据的集成和共享，使更多应用的构建变得相对简单。此外，云计算可以提供超乎想象的超级计算能力，这对于物联网应用的分析和优化大有裨益，而在云计算帮助之下的物联网应用将提供给人们更加高效和优质的服务。

既然云计算对于物联网的发展这么有用，那么它们两者之间有什么区别和联系呢？2015年以后，"云计算"和"物联网"这两个名词经常出现，很多人觉得它们之间有着技术方面的联系，基本上一提到物联网就想到传感器和制造业，一提到云计算就想到电脑、二进制。其实，这些理论都是片面的，物联网和云计算之间并没有什么特别的联系，二者在以前也是独立存在的。只不过现在我们把物联网看成了云计算平台的一个基本应用，二者类似于淘宝和商家的关系，进了淘宝可能如虎添翼，但离开淘宝也能单独存活。同理，云计算和物联网的关系也是平台和应用的关系，物联网要想突破瓶颈、继续发展，就必须依赖云计算系统。为物联资源和信息的处理提供一个可靠的平台，而有了云计算系统的管理和集中数据处理能力，首先就能解决物联信息的存储问题。

可以这么说，没有云计算平台的物联网连存在的意义都没有。早在2010年，利用小范围的无线射频和传感器信息处理来整合数据的方法就已经趋于成熟，工业自动化控制系统的大规模运用就是一个例子。但这种系统无法进行广泛的整合，甚至不能称为物联网，惟有云计算技术，才能决定物联网技术的发展趋势，也只有云计算平台才能实现统一的数据管理，从而让物联覆盖领域最大化。万物互联的范围应该非常广阔，可以是汽车、火车，乃至超音速运行的飞机，也可以是手机、电视、空调等家用电器。甚至是茶杯、桌椅等家具。总之，万物互联才能称得上物联网，而单纯的小范围连接互动就显得太狭义了。

即便知道如何利用云计算平台来突破物联网的发展瓶颈，我们也不能掉以轻心，物联网只是云平台系统所支持的一个普通应用而已。也就是说，云计算平台对于物联网系统的任何应用都没有给予优先权，也不会关心应用的种类和价值，所以，物联网技术在突破瓶颈方面主要面临两个问题：一是云计算平台的发展程度，越成熟的平台越能提供完善的支持，目前来说，云计算平台离成熟期还有一段距离；二是物联网不能把云计算平台看成惟一的救命稻草，自身传感技术和无线射频技术的发展也很重要，完全依靠云计算平台而盲目地上马物联网项目会很容易陷入不可知的困境。当然，对于一些区域性的、对行业发展作用巨大的物联网项目还是要大胆尝试，这样既能在行业中提升竞争力，也能为全面整合数据提供宝贵的经验。毕竟，云计算平台对物联网的支持是巨大的。

2. 物联网云——量身定做的平台

云计算平台虽然能在最大程度上促进物联网应用的普及和完善，但在很长一段时间内，物联网和云计算平台都是独立存在的，而且，物联网系统必须要迎合云计算平台的属性和信息处理方式。此外，一个云计算平台往往存在多个应用，有时候很难兼顾到关于物联网系统的应用。为了解决这个问题，物联网云的概念被提出。

所谓"物联网云"，就是完全针对物联网应用的测试、开发、运营和更新所设计的云计算平台或解决方案。物联网云不仅具有传统云计算平台的灵活扩展和动态交付功能，还可以为物联网的网络层、应用层、传输层以及感知层提供帮助。换言之，物联网云就是针对物联网应用而开发的特殊云计算平台，它可以为物联网应用提供数量巨大的存储和计算资源，还能对已有的资源进行数据处理和分析。与此同时，物联网云还为应用提供了各种集成的接口，大大节省了应用从开发结束到交付的等待时间，从而降低成本；并将设备提供商、应用开发商、服务运营商以及行业用户集合在一起，构成一个完整的生态系统，推动物联网产业的飞速发展。

物联网云具有如此强人功能的原因主要是自身体系结构的完善，它包括感知设备、服务管理、物联网应用中间件以及硬件虚拟化构架。这些应用相辅相成，构成了为管理人员和用户服务的体系架构。

第一，硬件虚拟化框架。所谓"硬件虚拟化"，就是对用户隐藏了真实存在的电脑硬件，取而代之的是一个虚拟可操作的抽象计算平台。而硬件虚拟化框架则将用户所管理的硬盘、服务器、网络设备等真实存在的硬件用相应的虚拟化技术隐藏，转换为便于用户分析和操作的抽象平台。

如同现在的虚拟键盘技术，真实的键盘隐藏后，利用软件使键盘在操作系统中重新显现出来。目前，瑞典某研究团队将谷歌眼镜和智能手环相结合，研发出了一种新式的虚拟键盘，该虚拟键盘可以利用光束在用户面前模拟出一个只有用户才能看到的键盘，并且可以像真实的键盘那样操作，这种"黑科技"的出现靠的就是硬件虚拟化框架。

第二，感知设备。感知设备不单单包括传感器，无线射频器、控制器等智能终端都涵盖在其中。此外，能够使终端实现互联互通的传感网络也是感知设备的一部分，它是物联网应用接入云计算平台的桥梁。

第三，物联网应用中间件。它不仅可以管理感知设备，还能够实现各种终端设备的接入，完成无线射频、传感器管理、硬盘存储和物联网应用等功能。物联网应用中间件可以支持不同型号、厂商、通讯方式、通讯规则和不同数据格式的终端设备，突破了不同规则所带来的开发、扩展和维修局限。

目前最常用的物联网中间件叫做 JCR SYSTEM，它除了具备良好的可扩展性外，还拥有独特的智能故障处理、数据分析运算、多任务共通处理、开放式设备监督、标准化信息输出等重要技术。物联网应用中间件的功能模块如下图：

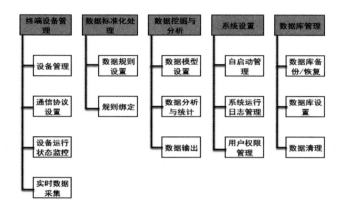

图 11-2-1 物联网应用中间件的功能模块

第四，服务管理。管理的范围比较笼统，不仅对各个真实的物理硬件和虚拟化资源进行管理监控，还包括对整个的体系架构、分布式架构信息平台以及各类事件的管理与整合。

对于整个物联网系统的产业而言，物联网云为物联网应用提供了接近完善的硬件架构，让云平台上的物联网应用可以得到大规模推广。除此之外，物联网还可以作为各种应用的孵化器和交付平台，吸引更多的物联网开发商入驻。物联网云的出现可以使开发商迅速获取应用所需的测试资源和环境，从而把 100% 的精力投入到核心业务的研究中。这样能节省开发成本，有利于开发商们扩大经营规模。同时，更多的用户可以在物联网云的平台上获得适合自己的个性化服务和应用，有助于物联网应用的推广和发展，也能促进物联网应用的不断丰富和更新。

在未来，物联网系统将会高度智能化，甚至会拥有意识形态。这就需要复杂的信息处理、应用环境和海量的数据存储，也对物联网硬件的资源管理能力提出了非常高的要求。而融合云计算平台的物联网云，不仅可以快速创建适应应用的硬件设施环境，还可以根据应用负载的逐渐变化而灵活调节调配资源。所以，物联网云既是物理网应用大规模发展的前提，也是物联网系统向"高度智能化"发展的基础。

3. 物联网云的"用户群"

物联网云具有相当高的灵活性，可以根据不同用户的需要，提供不同的使用方法和模式，主要包括以下几个方面：

第一，对于开发商。物联网应用的开发商具备一定的技术和资源，缺少的是能够对应用进行开发和测试的环境。而物联网云具有虚拟化硬件和物联网应用中间件，可以为物联网应用的开发商迅速提供各种复杂的开发和测试环境以及基础应用平台，大大缩短了应用的开发周期和测试时间。具体操作步骤如下：

（1）云计算平台的管理人员根据开发商的要求组建适合物联网应用的开发和测试环境模板，然后定义其所需的物联网应用中间件和虚拟机环境。

（2）物联网应用开发商注册并登陆云计算平台，从平台的应用选择程序中选出所需的应用开发和测试环境。当然，很多云计算平台已经为开发商准备了最合适的资源，无需开发商自行选择。

（3）云计算平台收到开发商发送的开发或测试环境信息后，进行自动化的配置和部署，并将环境和资源的详细信息反馈到物联网应用开发商那里。

（4）信息确认无误后，物联网应用开发商将终端设备接入云计算系统，开始进行物联网应用的研发和测试。

第二，对于运营商。物联网应用的运营商对技术的依赖性并不高，但他们需要一定的广度，需要在平台上同时布置和运营多个物联网应用，利用大范围、大规模的应用群来降低运营成本。另外，利用终端设备的共享和信息存储也是降低成本的重要方法。合理利用物联网应用中间件，可以使物联网云成为设备的事件监测和数据存储机构，从而使物联网应用得以规模化运营。具体操作方式如下：

（1）云计算平台的管理员将应用的事件监测和数据存储机构准备好，包括用于传感和数据存储的中间件和虚拟服务器。

（2）物联网运营商注册并登陆云计算平台，从平台的应用选择程序中选出所需要的数据存储服务和应用通道。

（3）云计算平台开始对应用中间件进行自动配置和部署，并准备好运营商所需的信息存储空间和连接通道，并反馈访问信息。

（4）物联网应用运营商利用连接通道和信息存储接管云计算平台上的相对应资源，从而使云计算平台可以支撑应用的运行和扩展。

第三，对于用户。对绝大多数用户来说，云平台的技术和硬件结构都不是他们所关心的，而快速获取符合自身业务需求的个性化应用才是他们借助平台的根本原因。物联网云恰恰可以满足这个要求，不仅如此，它还可以提供各种资产定位、业务内容监控和优化、信息数据分析等多种场景的物联网应用。基本操作流程如下：

（1）云计算平台的管理员创建出适用于用户的应用环境模板，以及需要部署的应用中间件、典型应用、虚拟机环境和几个核心应用。

（2）物联网应用用户注册并登陆云计算平台，从平台的应用选择程序中选出符合自己业务需求的物联网应用场景。

（3）云计算平台对选中的应用场景进行自动化配置和部署，并将访问信息反馈给物联网应用用户。

（4）物联网用户将自己的终端设备接入云计算平台，根据需要对物联网中的应用进行使用。

其实，无论是应用开发商、运营商还是传统意义上的用户，相对于云计算平台来说，他们都是使用者，也就是广义的用户。目前，国内的很多大公司都在积极创建物联网云，希望以此开拓新的市场蓝海，其中人气最旺的要数"BAT"（百度、阿里巴巴、腾讯）的物联网云了。就拿阿里巴巴来说，它建设的云计算平台不仅可以提供最基础的存储空间，还可以给企业提供数据库、云虚拟机、管理监控和视频、音频服务等多元化服务。著名的女性服务网站美柚网就建立在阿里云平台上，租用了阿里巴巴的服务器与大型数据存储和分析设备，极大地节省了开发和运营成本。

阿里云通过建造稳定、安全、可靠的云计算平台，吸引众多的合作伙伴共同解决传统产业研发、经营和转型过程中遇到的问题，帮助企业以极低的成本建立一个智能型物联网系统，从根本上提高了社会生产效率。

阿里物联网云的体系虽然庞大，但仍然没有离开三大基本的功能模式。也就说，无论功能如何更新，物联网云的主要服务对象依然是开发商、运营商和用户。

4. 云计算"携手"大数据共创物联新格局

2015 年以来，云计算的概念被人们不断地改进创新，并一度受到了商界、学术界，甚至是政府的强烈追捧。阿里、京东、百度、腾讯相继出现了云计算平台，一时间，"云"无处不在，它的光芒几乎盖过了同时代的所有 IT 技术，成为了万众瞩目的核心。

当云计算刚被捧上天的时候，另一个名词也渐渐进入人们的视线，并且在短时间内就占取几乎和云计算同等的地位，它就是"大数据"。所谓"大数据"，就是指通过各种形式、方法和来源搜集而来的巨大数据集合，而且具有实时性。

对企业来说，大数据的来源可以是各种电商网站、社交网络、顾客来访记录等。这些数据未必存在于公司内部的数据库，而是散布在互联网上，以动态的形式存在。根据以往的常识，以 TB 为单位的数据量就已经非常庞大——1TB 的容量可以容纳 2 000 多部的电影，而且高清电影，而大数据是以成千上万的 TB 来计算的，由此可见大数据的庞大信息量。有了这些信息量，就能很容易地实现数据积累，这是颠覆性的改变，在无数据积累时代无法实现的应用在今天可以实现。例如，一个完全不懂英语的人依靠网络上的教程和视频就可以做到无师自通。总体来说，大数据具有三个特点：

第一，数据量庞大。正如上文提到的，这里不再赘述。

第二，数据种类繁多。不仅仅包括文字，还有各种视频、音频、图片和大量的位置、天气信息等。

第三，价值偏低。我们的需求多种多样，需要完成的业务内容也是千变万化，在我们能实时监控和搜索到的数据之中，有用的很可能达不到百分之一。

由此可见，人们已经从数据匮乏时代直接过渡到了数据泛滥时代，既能积累大量的信息数据，也能使这些数据保持实时增长。但这种过渡也给数据的应用和分析带来了前所未有的挑战，通过搜索引擎获取数据已经不能满足人们业务发展的需求，从巨大而繁琐的数据当中获取有用的信息，并进行有效的深加工变得异常困难。不过，我们不必为此而担心，因为解决该问题的最有效方法已经出现，它就是我们所熟悉的云计算。

依照中国古典哲学的名词来分析，云计算和大数据其实就是动与静的关系。顾名思义，云计算强调的是计算，建造成平台也一样，无论是存储、虚拟化、建造模型、分析数据库还是管理应用，都离不开计算——这是"动"的概念。而数据无法自动运行，属于被计算的对象，也就是"静"的概念。如哲学中的动静观念一样，大数据和云计算既有区别，又存在着千丝万缕的联系，云计算有时候需要"静"，比如其信息存储功能就不需要计算。而大数据的内部有时却需要计算，比如数据的获取、统计和转换。

用一个更恰当的方式来说，云计算和大数据的关系就和一个硬币的正反面一样不能分开，要想处理大数据，单台计算机显然做不到，即便是有着上百台服务器的电脑集群也会力不从心。必须要利用分布式的计算机体系，对海量数据进行大范围的挖掘，而这就要依托于云计算的分布式处理、虚拟化技术和云存储数据库。所以，大数据离不开云计算。

反之，云计算也无法离开大数据，没有庞大数据量的支持，空有高效率的计算和分析能力显然是一种浪费。

我们知道，云计算平台对于物联网的意义重大，那和云计算关系密切的大数据是否和物联网也有联系呢？答案是肯定的。数据再大，如果不在线，也就没有存在的意义。就像我们常用的滴滴打车软件一样，每个人的交通数据的量是庞大的，但如果这些数据不在线，运营商看不到，司机看不到，那拿到这些位置信息也起不到任何作用。那么，如何实现这些终端的互联呢？这就需要用到物联网技术了。也就是说，脱离了物联网的大数据就像是写在光盘和纸上的固定数据，到不了需要的人的手中。现在很多地质、石油行业的公司经常谈大数据，但他们大多都没有应用物联网技术和云平台，所以，大数据对他们也就没有意义。

也可以这么说，物联网产生大数据，而大数据又反过来促进物联网的发展和完善。类似于生产力和生产关系之间的对立统一，物联网将物体和互联网连接起来进行数据的分析和交换，又通过云平台实现智能化的定位、跟踪、管理、监测和识别，而由物联网产生的大量数据也影响着商业、交通业、工业、农业、安防、环保等领域的规模化。如果说大数据是高速列车，那么云计算就是轨道，而物联网就是连接二者的磁悬浮系统。物联网、大数据、云计算以及互联网的关系可以用下图来表示：

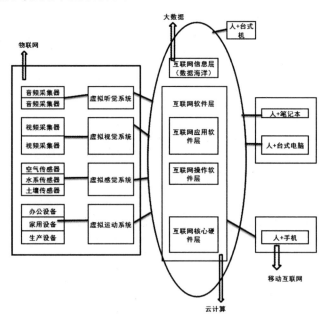

图 11-4-1 物联网、大数据、云计算及互联网的关系

由图可以看出，物联网相当于互联网的感觉和运动神经，而云计算可以看作物联网的核心硬件层和核心软件层的综合，大数据则代表了物联网和云平台的数据集合，是物联网意识产生的先决条件。

物联网、互联网、云计算和大数据相辅相成，共同构建了一个新的生态格局。目前来看，美国对该生态技术的利用最为完善。据悉，美国国防部正在启动"读心头盔"计划，这个高科技产物使士兵们无需动用语言和手势就可以读懂彼此的思想和活动，也就是说，在复杂多变的战场上，士兵们可以靠着意念和战友互通信息，而不必依赖任何通讯设备。读心头盔的原理并不难理解，就是靠着头盔的云计算读取人脑的庞大数据量，然后利用物联网技术连接两个头盔，实现思想和意识的互通。目前，读心头盔已经能解读大约 45% 左右的命令。

随着这种技术的发展，人们在未来也许可以靠着意念打电话和发微信，甚至连梦境都可以转化为可视的电脑图像。美国 IBM 公司的计算机专家已经用 96 台具备高运算速度的电脑制造了一个可以模拟人的思维的人造大脑。由此可见，电脑精确模拟人脑已经不再是遥不可及的梦想，但要将这一梦想彻底变为现实，物联网、大数据和云计算一个也不能少。

5. "支撑" 物联网云的关键技术

适应于物联网的云计算平台对应的不是一种技术，而是很多种技术的集合，云计算之所以被大多数人认可，主要还是因为其关键技术的成熟。为了配合云计算以数据为中心的高密集型运算，物联网云在信息管理、数据存储、系统管理、编程控制和并发控制等方面都需要有自身独特的技术体系，其核心技术归纳起来，主要有以下几个方面：

第一，自动化部署。自动化部署是在接收到用户的指令后，自动将各种资源从原始状态转化为可用状态的一种技术。云计算平台将虚拟资源集合中的资源进行分析和区分，然后部署成可为用户直接提供各种应用和服务的资源，期间需要调用实体硬件化的服务器、用户所需的软件配置以及存储和网络设备。平台资源的自动化部署分为多个步骤：首先，自动化部署调用脚本，根据不同的厂商自动配置管理工具和应用软件；其次，监测自动化程度，确保脚本的调用遵从事先设定好的计划，避免云平台和人的大量交互；最后，保证整个部署过程全部基于工作流，而不再依赖于人工的操作。自动化部署流程见下图：

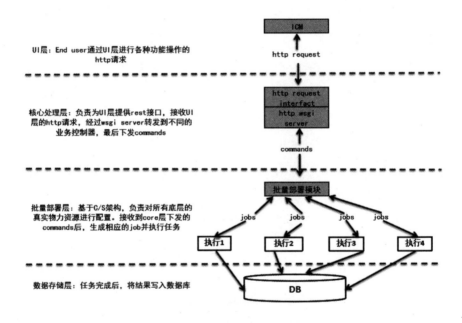

图 11-5-1 自动化部署流程

如图所示，批量部署层是自动化部署过程中的一个功能模块，它可以加个上一具体的软硬件和逻辑公式，甚至是概念模型定义，并通过管理工具在工作流中调用并配置这些真实的物理资源，从而实现分批管理。

批量部署层中的批量部署模块是触发工作流实现部署自动化的核心机构，可以自动将不同种类的资源整合到一个集合中，并储存在可重复使用的数据库中。整个自动化部署所形成的工作流可以代替手工完成操作系统、中间件、应用成熟、网络设备、存储层以及服务器的配置和部署任务。

第二，资源监控。云计算平台中的服务器数量众多，里面的资源也是实时变化的，而我们需要的却是及时、动态且准确的数据和信息，资源不会随着我们的喜好而聚集，而是无规则地变化着。为了第一时间发现资源的异变，资源监控技术显得格外重要，它可以作为云平台对资源的自动部署提供参考和依据，也可以对系统环境和资源进行动态的监控，以此来为分布在平台上的各种子系统提供准确的信息，促进系统资源实现最优化分配。

资源监控的具体步骤并不复杂，就是由一个云平台通过一个监控服务器管理和监视平台内所有的资源（可利用＋不可利用），并在"云"中的各个子服务器中安置代理程序来监视各个资源服务器，并按照实现事先设定好的周期将资源的使用情况传送到数据库，起到监视服务器仓库资源的作用。另外，资源监控系统也可以跟踪资源的可用性，及时发现故障并将信息反馈。当然，资源监控目前并没有达到实时监控和反馈，这受到了运算速度的限制。

第三，虚拟化技术。虚拟化技术是物联网云系统的核心部分之一，它可将计算能力和数据存储能力进行充分整合并进行最优化的运用。虚拟化技术打破了以服务器、数据库、应用设备、网络和存储设备之间的传统划分，将硬件、数据、软件、存储和网络等一一分割开来。通过虚拟化，可以自由访问抽象后的资源，并为同一类资源提供一个通用的接口组合，而隐藏了其属性和操作的差异，便于使用和维护资源。

我们有时候会发现某些网吧机房里只有一台服务器有硬盘，而其他供用户使用的计算机里面并没有安装硬盘，用户在操作系统中看到的硬盘是虚拟化的，它实际只存在于服务器中。由此可见，虚拟化技术并不是一项新技术，IBM 公司早在 2011 年就开发了虚拟机 VMware 系列，只不过，这些单一的虚拟化技术并不能应用于云平台。在云计算的环境中，虚拟化技术涵盖的范围空前广阔，包括了存储虚拟化、桌面虚拟化、CPU 虚拟化、计算机虚拟化、应用虚拟化、网络虚拟化和硬件虚拟化等多个方面，而每一种虚拟化又有各种子虚拟化分支。

在云平台下的整体虚拟化战略中，可以利用虚拟化技术提供多种环境，在无需任何硬件和资源的前提下，就可以模拟不同的实验环境，然后放入应用程序和操作 IT 系统。虚拟化环境测试成功后，就可以将它们放心大胆地投入生产环境中，而不用担心潜在的冲突和漏洞。

总体来说，虚拟化技术在云计算平台中的最大作用就是整合硬件。以前，云平台上需要上百个实际存在的物理服务器，既浪费资源又不利于整合管理，也增加了监控系统的负担。但利用虚拟化技术可以将大量分散的小型物理服务器整合到一个大型的、具有超强运算能力的大物理服务器身上。那些成百上千的小型服务器完全可以用几个大型网络虚拟机代替。虚拟机的维护成本低廉，这就极大地提高了资源利用率。

同理，利用虚拟化技术也可以整合存储系统，而将多个存储小单元整合到一个存储资源池中，可以帮助平台简化存储基础架构，便于对数据和信息进行统一管理。当然，我们还可以利用桌面虚拟化技术降低创建企业应用程序的运营和能源成本。除此之外，虚拟化监控系统还能通过一个共用的接入点管理所有的物理资源和虚拟资源，减少服务器所需的监控和管理设备的数量。

2016 年以后，基于物联网云的虚拟化技术已经向服务转型。例如，谷歌已经通过虚拟化技术越过操作系统直接为用户提供各种服务。这使微软的压力逐渐增大，因为用户以往购买 Windows 系统的目的主要是获得里面的应用内容，如果应用内容被谷歌虚拟出来，那微软将没有任何优势可言。

第四，并行编程模型。为了更有效地利用平台的资源，使用户更轻松使用物联网云带来的个性化服务，云计算平台上创建了针对于用户的编程模型，这些编程模型非常简单，可以让用户清楚地看到后台执行任务调度的情况。云计算平台采用的编程模式为 MapReduce，这种模式几乎已经成了不成文的标准，它可以将一个任务自动分成多个子任务，并完成大范围计算中的分配和调度。

MapReduce 是由谷歌公司研发的编程模型，它基于 JAVA、Python、C++ 等语言，既可以称得上分布式编程模型，也算是一个高效的任务调度模型，用于大于 1TB 的数据集的并行运算。其系统架构如下图：

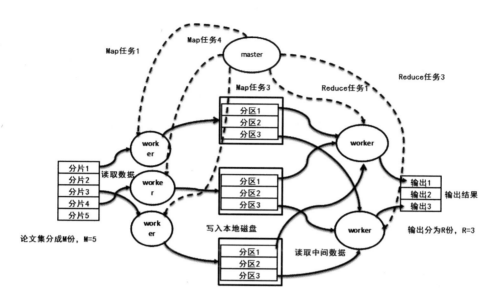

图 11-5-2 MapReduce 的系统架构

从图中可以看出，用户撰写的作业被客户端提交到主节点（Master）后，主节点自动将用户的作业分解为 Map 任务和 Reduce 任务。分解后的任务则被传送到工作节点（Worker），在工作节点向主节点反馈任务执行情况的同时，整个分布式文件系统用于存储 MapReduce 的输入、输出数据。

6. 云平台如何管理大数据

云计算需要对大量的、分布在各个地方的数据进行分析和处理，如果没有相对高效的管理方法，就根本谈不上服务用户。再者，如何在规模巨大的数据海洋中找到用户需要的信息，也是云计算需要迫切解决的问题。目前，云计算平台上使用的数据管理技术主要是谷歌的 BT 数据管理和分布团队开发的管理模块 Hbase。

BT 是建立在上文所说的 MapReduce 之上的一个分布式数据存储系统，与其他存储系统不同，BT 可以形成一个大表格，分布存储大规模的结构化数据。谷歌的网页查询、金融以及谷歌地球等多种项目都由 BT 来存储和管理数据。这些应用程序对 BT 的要求各不相同，例如，网页查询具有实时性，这要求的是 BT 的反应速度，而谷歌地球需要把数据从卫星图像下载到网页，要求的是数据的大小。对于这些不同的要求，BT 没有感到力不从心，反而可以更加高效灵活地提供各种服务。

BT 的出现让谷歌在提供新服务时的开发成本降低，最大程度地利用了云计算的能力，BT 形成的每个巨大表格都是一个稀疏图，表格由列和行组成，分布在里面的数据每隔一段时间就会被多份拷贝，便于检测和记录数据的变动。

BT 在运行时需要一个主服务器、若干个记录服务器和链接到每一个客户端的数据库，这三个核心组件缺一不可。主服务器主要用于负载平衡、废数据回收和分配记录。而记录服务器则会管理一组记录和处理输入请求等。

当用户读取数据时，系统首先从档案中获取 BT 的位置，并从中读取相应的位置信息，然后按照 BT 中表格的行、列读取所需数据的位置信息，依靠这个位置信息就可以到服务器中读取相应的数据。谷歌的 BT 数据管理可以适用于 PB 级别的大数据（1PB=1024TB），并采用分布式，提高了工作效率，在易于扩展和动态伸缩的同时节省了成本。

不过，BT 的缺点也是显而易见，除了不适合写操作，不适用于传统关系的数据库外，BT 对数据库中 Join（查询、选择、分组）的操作效率太低。而微软的 DryaduNQ 数据管理系统则解决了这一难题，它可以将需要处理的大数据封装为类似于 .net 的操作代码。这有利于对数据的各种处理，同时也可以对 Join 进行优化。当然，云平台的数据管理系统还是以 BT 为主，但在不久将来，BT 被微软或者其他公司的系统取代也未可知。

需要注意的是，光有 BT 或者 DryaduNQ 还不能算是完美地解决了数据管理的各个方面的难题，在分析和处理这些数据之前，如何存储它们呢？这就需要海量数据分布存储技术。该技术采取冗余存储的方式，为同一个数据拷贝多个副本，以软件作为存储介质，避免了因硬件故障和老化问题造成的数据丢失，保证了数据的正确和可靠。

此外，云计算系统的数据需要同时满足大量用户的个性化需求，并有针对性地进行服务，所以，云计算的海量存储技术必须具有高传输率和大吞吐率。目前，云计算平台最常用的数据存储系统就是谷歌的 GFS，GFS 不同于传统的分布式文件系统，它不仅具有高性能、可伸缩性和可靠性等特点，还可以应对超大规模的数据处理，并提供一定的容错（修复或还原损坏文件）功能。

在 GFS 的体系架构中，一个 GFS 集合包括一个主服务器和若干个块服务器。块服务器把数据块保存在本地硬盘上，并复制到多个块服务器上，防止损坏和丢失；主服务器则管理系统中的所有中介数据，也就是描述数据的数据，例如，访问地址、映射信息和名字空间等。这种架构使用户不用通过主服务器，而是通过块服务器进行通信，这就可以给用户提供了总性能较高的存储服务。

在数据管理技术和海量数据分布存储技术的共同作用下，云平台上的数据管理变得简单。当然，这主要依赖于谷歌的 BIGTABLE 和 GFS。当然，面对日益增长和更新的大数据，云平台的数据管理技术仍然要不断地改造和创新。

7. 如何设计云计算平台

云计算资源规模巨大，而各个服务器又分布在不同的位置，同时运行着成千上万的应用，有效地控制这些服务器、进行准确无误的应用服务就显得尤为重要。这就对云计算平台的稳定、效率和安全提出了较高的要求，而这些难题的解决方法就是设计出更优秀的云计算平台。

云计算刚被提出的时候就受到了国内外的密切关注，目前，国外最有名的云计算设计研究项目就是 Open Nebula 和 Scientific Cloud，但两者不能算是云计算平台，只能称得上是一种架构，一个开源工具箱。就像我们熟知的安卓系统一样，它是开源的，任何手机厂商都可以利用它开发出属于自己的操作系统，也可以随意编写各种应用软件。当然，光有好的项目远远不够，必须要对这些工具箱做进一步的加工和开发，开发者中比较著名的公司有四家，即谷歌、IBM、微软和亚马逊，我们对云计算设计的研究也要围绕着几大厂商开发的云计算平台展开。

第一，谷歌云计算应用设计。谷歌公司是最大的云计算使用者，该公司接近三分之一的应用软件都依赖于云计算的帮助。谷歌物联网云的体系架构分为四个部分，它们之间密切联系而任务却又相对独立。其中一个部分就是上文提到过的、建立在集合之上的分布式文件系统 GFS，另外三个是针对谷歌应用软件的特点创建的 MapReduce 编程模式、分布式数据存储系统 BigTable（BT）、Hsdoop 框架和谷歌其他的云计算支撑部件，如 Chubby（分布式锁机制）。

正如谷歌让安卓成为开放性系统一样，谷歌已经开始允许第三方厂商在谷歌云计算中通过谷歌自主开发的 GAE 应用软件引擎运行大型的程序。GAE 的功能无疑是强大的，它在平台中至少有 200 个地点，被成千上万台服务器所支撑，而这些设备的数量还在不断增长。GAE 供外来人员使用的编程语言是 Python，在编写应用程序的过程中，使用者还可以利用谷歌提供的设备进行委托管理，比如可存储 500MB~1GB 的应用，并且会得到 500~1000 万次页面浏览的贷款。当然，谷歌的慷慨也是有限度的，云平台毕竟要盈利，所以，对于超出赠送存储量的用户，谷歌会按照 1G 空间 14~20 美分的价格进行收费。

第二，亚马逊云计算应用设计。亚马逊是全球最大的在线零售商，依靠强大的经济和技术实力，独立建造了自己的云计算平台，用来为开发商和独立的开发人员提供一个高效率的工作环境。亚马逊的云计算系统包括三部分：Amazon S3、Amazon SimpleDB 和 Amazon EC2。

（1）Amazon S3。Amazon S3 为用户提供简单的存储服务，它由存储桶和对象两部分构成。所谓对象，就是最需要存储的实体数据，包括数据本身、位置、云数据、键值和访问控制策略。而存储桶，就是存放数据的容器。亚马逊平台使用各种访问协议和标准接口，让用户可以轻松访问到存储的数据信息。

Amazon S3 可以看成是一个只有存储空间的大网盘，它没有目录也没有文件名，可供用户存储任何结构化和非结构化数据。它使用 Web 作为接口，里面的任何数据都可以通过超文本传送协议（HTTP）访问，当然，用户也需要为自己所使用的存储空间、计算能力和带宽付费。

（2）Amazon SimpleDB。Amazon SimpleDB 可以看作是一个简单的数据库，只能针对结构化数据进行实时查询，但却有快速和可伸缩的特点，可以使用户对云平台上的应用软件进行简单的存储和查询。

（3）Amazon EC2。Amazon EC2 是一种计算设施服务，可以利用虚拟化技术，为用户提供大范围的、可伸缩性的计算运营环境。EC2 由三部分组成，分别为 AMI、虚拟机和 AMI 运行空间。

亚马逊云计算把计算、存储和应用三者作为服务提供给用户，节约了单一用户的使用成本，服务和流量计费也是按照内部和外部传输分别进行，虚拟服务器也是按照计算能力收费的。所以，亚马逊云计算实际上租出去的是虚拟计算能力。

第三，微软云计算应用设计。微软的云计算主要为用户提供电子邮箱、通讯软件、日历表和协作工具等诸多服务，微软自主设计的云计算平台名为 Windows Azure，它把云计算和操作系统进行了完美的融合，用于帮助开发商开发可以脱离云端和数据中心的第二代应用程序。

Azure 的服务平台主要有以下组件：

（1）Azure，用于程序托管、可扩展存储和网络管理。

（2）SQL Service，扩展应用到云计算中的能力。

（3）.NET Service，访问控制机制，维护用户的程序安全。

（4）Live Service，提供一个统一的方法来处理用户数据和程序应用，可以使用户在多个设备上同步和共享各种数据信息。

（5）Dynamics CEM，用于在平台上提供各种开发业务信息，建立好客户

物联网实战操作

216

的沟通和联系。

第四，IBM 云计算应用设计。IBM 的云计算平台名为"蓝云"，它的特点是不拘泥于本地服务器或远程服务器集合，而是通过一个分布式架构对资源结构进行全球访问。

"蓝云"基于 IBM 研究中心的云基础体系，包括 VM 虚拟化、Linux 操作系统和 Hadoop 软件。由 Tivoli 软件支持，通过服务器来确保获得最佳的性能，为用户带来良好的个性化体验。

第十二章

物联网在中国：

怎样推动我国的物联网建设？

物联网是中国战略性产业的核心组成部分，对我国经济和民生的长远发展具有重大的带动作用，具有带动力强、成长潜力大、综合效益好和知识密集度高等特点。对我国来说，物联网隐藏着巨大的经济价值，被赋予了"两化融合"的智能化意义。将物联网作为传统产业的助力，必然会提升其产业的发展速度，推动我国经济发展由"埋头苦干"走向"创新生产"，同时，物联网的新技术、新产品和新应用也必将催生一批新型产业，成为中国新的经济增长源。

不过，由于起步晚、技术薄弱、标准繁杂等多种因素，我国的物联网及其相关产品只停留在初级和低端阶段，与美国、日本等发达国家存在着较大的差距。怎样结合自身的特点，走出一条个性化的物联网建设之路，是我国目前需要特别重视的方面。

1. 中国物联网的发展特征和策略规划

相对于发达国家，中国的物联网建设起步较晚、规模较小，但 2014 年以后，国家开始把物联网放在非常重要的位置。经过一年的部署、一年的发展，中国物联网的发展空间呈现出如下特征：

第一，有趣的"马太效应"。珠江三角洲、环渤海、长三角等地区自古以来就是经济发展的重地，不仅企业数量大、规模大，而且产业氛围良好。同时，这些地区资金雄厚，有庞大的产业配套设施，物联网的建设自然也位于全国前列，这些的确也为物联网应用提供了成功的案例，并带动了技术和产品的大范围社会应用，不仅为相关企业带来了巨大的利润，也为物联网的普及和推广创造了良好的氛围。在未来，这些优势地区的物联网产业发展将会呈直线上升，中国物联网的各种资源和技术也会在这一地区汇集，"强者愈强、弱者愈弱"的马太效应显露无疑。

第二，产业布局遍布全国。我国曾在"物联网十二五规划"和"物联网十三五规划"中明确指出，要构建完善的物联网产业链，需充分考虑人才、技术、产业、经济和区位的发展，以及与国际社会的合作情况，并在中部、东部和西部，以重点城市或城市群为依托，加大力度培育一批物联网综合产业区。

以上述物联网发展的中心地区为表率，我们又在重点省市之外，将物联网领域逐渐推广开来，包括天津、南京、西安、宁波、嘉兴、苏州、昆明、大连、合肥、福州、厦门在内的众多物联网发展相对落后的城市，也开始重点发展物联网产业。同时，山西、吉林、河南、甘肃、贵州、海南、湖南等省也对物联网项目进行了多次试水。除了这些相对发达的城市，中国很多三、四线城市也结合自身的特点，积极谋划发展物联网相关产业，如河北固安县、山东微山县和四川等县市。

第三，物联网工作内容细分化。截止到 2016 年，中国的物联网产业仍然处于起步阶段，但与射频识别系统、传感器、物联网设备、云计算以及各种集成应用相关的产业和领域已经呈现了融合之势，各个重点产业区之间的分工格局也逐渐明显。随着未来中国物联网产业规模的不断壮大以及各个应用领域之间的不断拓展，产业链和技术链必然会整合，区域之间的分工协作也会更加明显。

纵观中国物联网产业链分布趋势，产业基础较好的城市，通常会加深在物联网感知层、传输层、和应用层的建设，确定自身的垄断优势，如云平台的建设。而二、三线城市则寄希望于自身产业的稳步发展，并以此推动物联网应用技术进步和服务业的发展。另外，还可以以休闲农业、汽车生产、电气设施、化工制造、石油开采、家居照明和海洋港口等一系列特色产业为基础，打造一批具有特色的物联网产业聚集地，促进物联网平台产业和特色产业的深度融合。

物联网发展的空间特征在一定程度上决定了物联网产业发展的布局策略，主要有以下三点：

第一，统筹发展，按需分配。国家领导人和各级研究人员结合中国的具体国情，决定在国家层面进行科学规划和统一建设，建议以政府为主导，由国家物联网产业部门、核心企业和行业协会共同制定物联网产业布局规划，从多个方面对全国主要的城市、园区进行评价和分析，争取将全国各区域的物联网产业发展情况汇总，从而科学地引导物联网产业的发展。

促进物联网区域发展的宏观计划由国家或省级部门主管牵头，科学编制物联网产业的发展规划，设立行业标准，协调各个产业布局和城市分工，避免各个物联网企业重复建设和为了利益而进行不正当竞争。

第二，分工明确、特色发展。各个城市的发展情况不一样，特点也不一样，在区域分工的基础上，要明确各个不同区域的物联网发展目标和定位，并

结合本地区的产业特点，推进各个相关产业的发展。如物联网研究所、金融机构、风险投资企业、孵化生态系统和中介公司等，将自身所具有的优势资源向重点区域聚集，实现优势资源的融合，并通过借鉴国际先进经验，发挥本区域的优势，探索各种个性化和具有地方特色的发展模式。等到各个区域的发展都初具规模后，就可以实现区域和区域之间、城市和城市之间、产业和产业之间的互补和分工，从而共通完成物联网的总体规划，以此建立特色鲜明、优势突出、竞争力强的物联网产业集群。

第三，软件和硬件集合，集群式发展。对于物联网产业来说，软件的建设和硬件的建设都非常重要，所以，要提升物联网园区的软、硬件建设，加强知识产权、研究开发、应用提供等一系列物联网平台的建设，并建立完善的生产和学习相结合的技术创新理念，加强产业之间的合作和联盟，建立提供各种完善服务和综合应用的物联网产业园区。像工业园区一样，依靠集群式的发展提高竞争力，组织各个企业提供个性化的服务和应用，形成一批专业化、高成长度的企业。

2. 中国物联网产业链分析

"感知中国"战略被提出后，国家开启了物联网产业发展的新篇章，紧接着，2015年的"十三五"规划又阐明了我国物联网发展的趋势和现状，并制定了2016~2020年物联网领域的指导思想、发展目标、发展规划、重点工程和主要任务，对加快我国物联网发展、培育和壮大信息技术产业的意义重大。2015年以来，物联网的产业链也获得了飞速的发展。

不过，中国物联网产业链的发展目前仍然存在不均衡性，中国是一个硬件大国，其物联网产业链中的硬件设备制造商众多，但真正专于精尖端技术的芯片开发商和软件应用平台类企业相对比较稀少，相关的技术水平也比较落后，标准的制定也不够完善。这导致了物联网在集成应用上多采用国外的软件和芯片，在一定程度上也使资金外流，不利于本土产业的发展。物联网产业链的各层次及其全景概况如下：

第一，支撑层。支撑层是产业链的基础，一个完备的支撑体系是物联网平稳发展的保证。支撑层是一个相对完整的技术支撑体系，包括网络融合、自组网、仿真、样本库、安全和协同感知，接下来就是基于技术的平台支撑。包括柔性生产线和 Ipv6 等。支撑层在国内物联网产业整体规模中所占的比重比较小，相关企业主要集中在长三角和珠三角地带。

第二，感知层。感知层是一个物理网络，可以对现实世界进行感知、识别和信息数据采集，其主要功能是对后续信息和相应的策略行为提供精确、海量的数据信息。物理网感知层的信息采集方式主要包括射频识别、二维码、传动器，射频识别系统包括常见的标签、非接触式 IC 等，而传动器包括人造肌肉和微型马达，

第三，传输层。该层是物联网实现无缝链接及全方位覆盖的重要网络集群，可以对感知层的数据进行高速率、低损耗的安全传送。目前，我国物联网传输层企业主要以电信、联通等网络通信基础设施企业为主，主要有北京的大唐电信、威讯紫品、东土科技和梅泰诺。武汉的长飞、烽火通信、光讯科技和华工正源等核心企业，还有分布在深圳、上海、苏州、成都、广州、杭州、佛山、福州等地的传输层企业。

第四，平台层。该层的主要功能是承载各种应用，并推动其向应用的转化。例如，通过"感知中国综合信息平台"建造"政务应用平台"和"公共应用平台"，建立科技投融资、应用转化、政策咨询、知识产权、人才培训和综合配套等设施齐全的服务平台。平台层的建设者包括国家相关科研机构、地方政府、物联网集群园区以及 IT 综合服务提供商，其产业链环节包括计算中心和支撑软件，支撑软件主要包括模式识别、嵌入式软件以及包括云计算在内的超级计算中心。目前，中国的平台层企业主要分布在长三角和环渤海地区。

第五，应用层。该层实现了信息化和工业化的融合，推动了产业结构升级

优化。从国民经济和社会发展的细节出发，结合本领域的特点，通过对物联网技术的行业应用，形成具有鲜明特色的物联网应用分支。

应用层成本巨大，受资金和技术的影响，中国应用层的企业主要分布在一些大型城市，如北京、上海、南昌。随着国内物联网产业的逐渐成长，应用层在产业链的比重将会逐年增大。

3. 我国物联网关键技术剖析

2014 年以后，我国物联网核心技术与国外的差距正在缩小，虽然我国在高端技术的研究上起步较晚，但国内很多科研机构已经拥有了技术沉淀，只要利用市场促进其产品化和产业化，就能保证跟上大部分发达国家的步伐。下面通过几个关键技术，来剖析我国物联网的发展情况：

第一，射频识别技术。在感知技术中，。频技术用于对采集点信息进行标准化处理，通过射频识别标签，读写器等设备可以实现对物联网中的数据的控制和采集。我国的射频识别系统在射频标签、读写器、中间件和系统集成方面已经有了完善的产业链，引导众多行业发展射频系统的"金卡工程"也已经成功了一半。此外，国家还颁布了关于射频系统的相关法律法规和行业标准，如《中国射频识别技术政策白皮书》和《800/900MHz 频段试运行规定》等，并将射频技术列为了国家中长期高端科技发展重点。这表明我国的射频系统发展已进入了良性轨道。

在高频段和低频段射频技术的助推下，我国自主研发的低频标签已经成功应用到了非接触 IC 卡，动物监测管理、视频追溯等领域。而完全自主研发，具有高安全性的高频射频标签已经在身份证、体育赛事门票和铁路车票等领域得到了规模化的应用。

在超高频和微波频段的射频芯片上，清华同方、复旦微电子和中兴等企业已经研发出支持超高频芯片的产品。在标签封装上，我国的技术也已相当成熟，芯片装配、天线制作和印刷等主要环节已经拥有了大量的加工企业。我国的超高频射频架构如下：

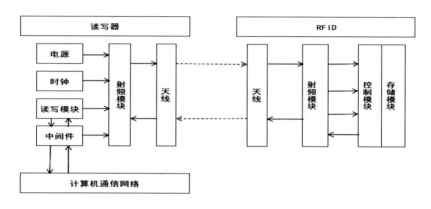

图 12-3-1 我国超高频射频架构

第二，智能传感器。传感器可以感知光、声、热、电、温、压、振动等多种不同类型的信号，为物联网系统的处理、传输、反馈和分析提供最原始的数据信息。随着物联网技术的发展进步，逐渐提升传感器的性能和功能、降低成本是推动智能传感器发展的基础。

我国传感器产品的种类繁多，目前，我国差不多有近 6000 种传感器产品，共有 12 大类、50 小类。全国有差不多 2000 多家企业从事传感器的研发、应用和生产，年产量达到了 24 亿只，市场规模超过 1000 亿元。不过，我国对于传感芯片等高端软件的研发一直处于起步阶段，无论是研发技术、制作工艺还是材料选择方面，基础都相对薄弱，自主创新能力不足，产品在性能、功能甚至质量上都与发达国家有较大的差距。国内的主要工作内容也集中在低端产品上，而中高端传感器产品多依赖进口，成为制约传感器产业链发展壮大的主要阻碍。

第三，位置感知技术。对位置的感知技术主要是通过卫星导航定位系统和无限蜂窝网络进行定位，有时会用到感知姿态系统、陀螺仪或者加速计。目前，全球卫星导航系统处在领先水平的是美国的 GPS、俄罗斯的 Glonass 系统和欧盟的"伽利略"系统。我国也紧随其后，自主研发了"北斗二代"卫星导航定位系统。"北斗"卫星导航定位系统需要发射 35 颗卫星，比美国的 GPS多出 11 颗。

GPS 起步较早，经过长足的发展，其产业链已经相当完备。在导航系统芯片行业，有高通、U-blox 等跨国公司，在 GPS 模块领域，有 Garmin、rockwell 等公司。国内的很多企业也有涉及，主要分布在 GPA 终端、导航仪、测绘仪器等分支领域，且产业呈现细分化，完成市场最终用户的推广。

目前，国内有少部分企业开始涉足北斗二代射频和基因芯片的开发，包括海格通信、华力创通、国腾电子、芯星通和时代民芯等。虽然参与北斗芯片的厂商并不少，但真正掌握高端芯片技术和软件技术的企业寥寥无几，产业化水平偏低、系统性能不足是其主要缺点。但随着位置感知技术的发展，我国的定位精度很快就会提高至国际正常水平。北斗芯片系统架构如图：

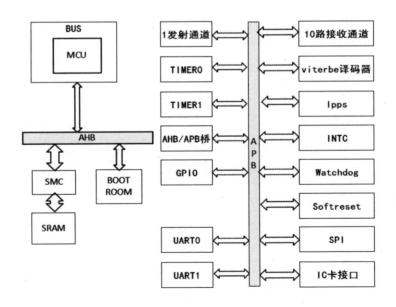

图 12-3-2 北斗芯片系统架构

第四，图像视频智能分析技术。该技术就是使用计算机图像视觉分析技术，将场景中的背景和目标分离，并监测在摄影机场景出现的目标。用户也可以使用视频分析功能，在不同摄像机的场景中设定不同的报警机制，一旦目标场景中出现"违规"行为，系统就会自动报警。

九十年代末，随着计算机配置和存储容量的不断提高，视频分析系统进入了一个全新的发展阶段，一些国外的公司早就已经开始研发与之相关的智能产品。我国的图像视频分析技术相对滞后，大多数生产和研发企业还处在普通的网络监控阶段，谈不上智能。在中国市场，能够看到的智能视频监控产品大多来自于美国、欧洲等发达国家，该领域高端产品的核心技术也为国外厂商所垄断。

第五，高效能微能源。微能源是指采用微机电系统技术加工而成的微小型的供能系统，主要包括微型电池和卫星发电机两类。微型电池有燃料电池、锂电池、太阳电池和化学电池等，微型发电机包括振动式发电机和内燃料发电机两类。我国在微能源领域还处于起步阶段，与国际水平有一定的差距。2012 年以后，国家加大了对微能源领域的研发投入，中国原子能科学研究院、中国科学院大连化学物理研究所、清华大学微电子研究所和中国科学院上海微系统研究所对微能源的研发均有了突破性的进展。

4. 震撼世界的物联网世博园

2010 年 5 月 1 到 10 月 31 日之间，我国在上海举办了举世闻名的世界博览会。上海博览会园区面积为 5.28 平方公里，其面积之大令人叹为观止，特别是园区地跨黄浦江南北两岸，更是得天独厚，气势恢宏。博览会期间，政府安保部门相当重视世博会的安全问题，并积极采取相应的措施，对园区进行全方位的管理。为了让园区给人们带来更多的世博服务和体验，相关部门在世博园内搭建了遍布园区的无线传感网络，物联网技术在世博会园区的实战应用，让整个世博会更加接近科技的主题，整个园区由于物联网传感网络的覆盖而变得更加现代化和智能化，给人们带来了智能的服务以及新奇的科技体验。

世博园中的物联网应用包括智能供水、智能用电、智能交通、智能安全预警、智能物品管理等。例如，人们在水、电、煤气等基础设施上安装了大量的传感器节点，一旦出现安全问题，相应的物联网安全预警装置就会立即报警，消防人员会在几分钟内到达事故地点，及时处理安全隐患。

无线传感网络的简称为 WSN，是一种新兴的数据检测技术，它由大量的传感器节点组成，具备了数据采集、传输以及处理的功能，并在无数传感器节点的支撑下，形成了一个自组织的系统化网络。这个网络系统具有多种特点，除了具备自组织性、快速回应性之外，还具备覆盖面积大、可同时检测多种信号的特点。无线传感网中的每一个传感器都具备独立检测信号的能力，从个体上来看，虽然每一个传感器的检测范围有限，但是可以通过多个传感器合作工作来进行数据整合，从而完成任务。这种方式的好处在于，即使有个别传感器损坏，只需设置别的传感器取代其工作位置即可，省去了因局部损坏要维修整体系统的麻烦。另外，虽然，传感器个体的覆盖范围有限，但是可以通过增加传感器数量来无限扩大传感器网络的覆盖范围。在分配任务和管理传感器网络时，操作人员只需通过互联网对传感器网络的相关节点下达命令，就能使这些节点进行有目的、有组织的信息采集工作。2010 年上海世博会期间，世博园区内的重要基础设施和公共场所都安装了灵敏的传感器，这些传感器能够精确地检测出各种危险物品，比如爆炸物、危险武器、有毒气体等。世博园的围栏区以及特殊的地下区域也都布置了传感器，在传感器网络的保护下，"入侵者"将无所遁形。

相比于易燃易爆品、危险武器等实实在在的物体，无色无味的有毒气体检测起来更加困难，但是，敏感的气体传感器却可以将有毒气体完全暴露在人们的眼前。气体传感器能够将空气中不同气体的浓度信息转化为相应的电信号，然后根据浓度信息判断气体组成，从而对空气中不同程度的气体进行检测和区分，起到控制和预警的作用。

世博园内引进了基于 COMS 图像传感器的视频监控系统以及人脸识别系统，人们的一举一动都逃不过传感器的"眼睛"；在检票出入口，只要人们按照顺序通过待检测区域，传感器网络系统就能识别并记录人脸的图像，并通过检测人脸特征对人们的身份进行高效、准确的确认。

针对世博会参观人数众多的情况，技术部门利用 RFID 技术来设计和制作世博会门票，每一张世博会门票中都含有一颗基于 RFID 技术制作的"世博芯"，每一个"世博芯"对应了惟一的参观者的信息，不存在两张拥有同样"世博芯"的门票。通过光电扫描和无线传输等手段可以实现快速检票，避免检票口参观人员过多聚集的情况。

除了"世博芯"门票外，手机门票也是世博会的一大亮点。人们在网络上购买门票后，就能自动在手机中生成一张基于 RFID-SIM 技术的电子门票，出入检票口时，利用光电扫描设备轻轻一扫就能识别出参观者的信息，这种方式给人们带来了方便、快捷的信息化体验。在世博园内，刷手机入园、刷手机购物已经成为一种时尚和潮流。

智能门票提倡了一种高效的入园方式，而世博绿墙则倡导了科技环保的理念。世博会的花草既能种在地上，也能种在墙上。相关人员采用"垂直绿化"的方式，给一面面墙体披上了一件件美丽的外衣。世博园东西两面墙上种植了四种绿色灌木，绿色墙面达到 5000 平方米。这些"立体花卉"采用了由枯枝败叶制作而成的有机肥料，根部的土壤盛放在塑料瓶中，提倡了环保节能的理念。同时，世博绿墙也是物联网技术在世博会应用上的点睛之笔。世博绿墙上的植物通过物联网技术来制定植物供水系统，植物缺水时，塑料瓶土壤中的湿度传感器就会发挥作用，将土壤湿度数据发送给处理系统，处理系统再发送反馈命令给滴灌装置，就能实现向植物自动供水。

这种基于物联网技术的垂直绿化墙体可以减少 20% 以上的室内空调系统耗能。夏季，"绿墙"能隔热、防辐射，起到降低室内温度的作用；冬季，"绿墙"能防风、保暖，起到保温层的作用。与此同时，这种绿化墙体还能保持室内湿度，起到净化空气的作用。

世博园中的高科技垃圾桶同样也展现了科技用于环保的理念。世博园中的垃圾桶外形与普通的垃圾桶外形不无两样，区别在于前者被植入了传感器，具有高科技含量。高科技垃圾桶的功能强大，当垃圾桶中的垃圾数量达到上线时，垃圾桶就会自动报警，提醒游客不要再放入垃圾，同时提醒清洁人员及时处理桶内垃圾。这种垃圾桶还可以自动进行垃圾分类，极大地保证了资源的有效利用。高科技垃圾桶的顶部安装了一个容量传感器，底部装有一个压力传感器，侧身还有一个材料分析传感器。当游客放入饮料瓶时，材料分析传感器就会发挥作用，将饮料瓶自动转入绿色回收箱内；容量传感器和压力传感器每隔五分钟就会对垃圾桶内的垃圾数量进行检测，检测所得的数据会通过无线传感网络传至垃圾处理中心，垃圾处理中心通过分析和处理所得信息，决定是否派遣垃圾车前往目的地进行垃圾转运。

值得一提的是，负责世博园区域的垃圾运输车上都装有 GPS 定位装置，根据不同区域的垃圾增长规律和垃圾处理周期，利用物联网的信息处理和决策功能，可以设计一条最佳的垃圾运输路线，使垃圾车能够高效、高质地完成垃圾运输任务。在建立垃圾处理系统的同时，世博园还建立了生活垃圾电力输送系统。该系统可以利用电力输送，将垃圾通过密封管道传送到垃圾站，在不需要地面运输的情况下就能实现垃圾处理的目的。这种做法可以避免地面运输垃圾时，影响城市空气质量，同时也能防止不雅观瞻，打造优美的感官城市。

物联网在上海世博会期间的完美应用，充分说明我国在物联网研发领域，已经取得了优秀的研究成果。面对物联网在全球范围内尚未普及的现状，我国能取得这样的成绩实属不易，这标志着我国在物联网领域与发达国家之间的差距在不断缩小，甚至在某些物联网应用领域，我国已经超越了大多数发达国家，处于世界领先水平。随着我国综合国力的不断提高，我国在物联网领域将拥有越来越多的话语权。

5.中国农业物联网系统设计

物联网技术的发展，不仅给我国现代化工业带来了福音，也为我国的现代化农业带来了新的机遇。物联网技术是基于数据信息的技术，现代农业生产和生活对信息化的要求日益加大，而互联网主要实现了人与人之间的沟通交流，要实现农作物、农业设施、农业设备等多种物件之间的相互沟通交流以及对农业的智能管理和控制，物联网是最合适的技术之一。中国在农业信息技术及应用方面与美国、日本等先进国家仍有较大差距，然而，随着近些年物联网在中国的兴起，农业现代化、信息化的落后局面逐渐得到改善。为改善我国农业信息服务产品不足的现状，对物联网在农业方面的应用势在必行。目前，农业部门已经出台了相关政策，各大农业设备制造商也正在积极向着这方面努力，争取在未来几年内，对农业实现物联网的初步覆盖。于是，设计和建立一套先进的农业生产互联网管理和控制系统成了各个部门和企业所要考虑的事情。那么，在物联网的基础上，如何设计这套农业智能管理和控制系统呢？设计步骤如下：

（1）农业物联网系统结构设计

实现农业生产过程的自动控制需要首先建立一定的基础，比如铺设田间传感器设施、实时测量沟渠水利数据、制定农业周期表、搭建农业塑料大棚等。但是，这些工作还远远满足不了构建农业自动控制系统的需求，因为农业环境相对复杂，针对不同的农业环境，相应的设施搭建也必不统一。另外，不同的作物，其生产周期、病害、虫害等生产过程也存在较大差异，因此，搭建物联网农业管理和控制系统的具体方法也不能统一而论。针对不同的农业生产环境和不同的农业生产过程，要做到因时制宜、因地制宜，有效利用可用资源和相关物联网技术，整合自然环境、特色农产品等，综合实行物联网农业管理和控制系统的搭建。

设计农业物联网系统结构需要从三方面考虑，分别是"全面感知，可靠传送、智能处理"。只有实现农业区域的全面感知、农产品数据信息的可靠传输以及农业管理方案的智能处理，才能真正实现物联网在农业方面的高效利用。人类感知世界的能力在物联网的帮助下得到了拓展和延伸，无线传感器网络让人们的认知能力范围不再局限于小区域、小空间，在物联网的智能化控制下，人类与世界的关系会变得更加和谐。

农业物联网管理和控制系统集合了多种技术手段，如感知技术、无线通信技术以及海量信息分析和处理技术等多种相关技术，同时又结合了农业生产专家知识，才实现了对农业生产的智能化控制过程。图中，感知层由各种传感器（如环境监测传感器、作物生理传感器）、灵敏检测设备、GPS定位系统、RFID标签识别系统等共同构成，主要作用是感知和采集农作物生长状态及其外部环境的相关数据，全面感知农业生产过程的有关信息。感知层是获取数据和影响决策的基础层级；传输层用于数据的可靠性传输，将感知层的数据传输到控制层；控制层由操控终端、PAD、调控设备以及多种控制器组成，具有分析处理数据、实现最终决策的作用。

（2）感知层设计

根据不同的农业需要和不同的地理环境，感知层所检测并获取的信息会存在较大差异。比如检测农作物所处的地理环境时，感知层需要感知以下环境要素：空气温度和湿度、土壤温度和湿度、二氧化碳浓度、土壤酸碱度、光照、风速、天气等。另外，还要利用作物生理传感器检测农作物的面积、叶绿素含量以及光合作用等信息。感知层中无数的传感器就是无数的感知节点，利用这些感知节点便可以对目的区域的农作物相关信息进行全面感知。感知节点的功能结构如下图：

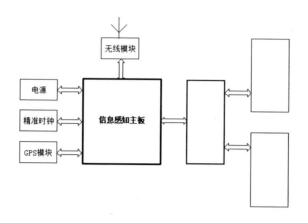

图 12-5-1 感知节点的功能结构

在该模块化结构中，信息感知主板与无线模块、传感器接口以及精准时钟、GPS 等辅助模块相连。其中，传感接口模块由模拟量接口、数字量接口共同构成，信息感知主板电源可以选用锂电池、太阳能电池等提供能源。由于信息感知主板的使用周期较长，在有限电源的情况下，其工作需要限定在一定功耗范围之内，所以采用 MSP430F149 型超低功耗主板。

（3）传输层设计

物联网传输层具有多样的传输形式，这是因为无线传输会受到环境复杂性的影响。对于不同的农业生产环境，需要灵活选用传输方式，多径传输方式就是比较常见的传输形式之一，它具有多端输入和多端输出的特点。传输层的基本结构单元是传输节点，它们不仅可以输入和输出信息，同时也可以暂存部分信息。传输节点结构示意图如下：

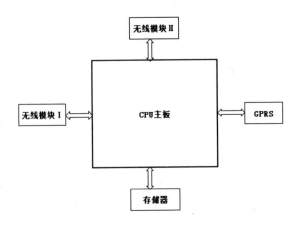

图 12-5-2 传输节点的结构示意图

传输节点由五个部分构成，分别是 CPU 主板、无线模块 Ⅰ、无线模块 Ⅱ、存储器、GPRS 模块。其中，CPU 主板采用了与感知节点一样的 MSP430F149 型超低功耗主板；无线模块 Ⅰ 采用了与感知节点一样的高性价比 CC1100 无线传输模块；无线模块 Ⅱ 所采用的 SRWF508A 无线模块，可实现传输距离为 3.5 千米范围内的单对节点信息交互；GPRS 是基于物联网的远距离无线传输；存储器选用性价比较高的 AT24C256 型号芯片，这种芯片可以实现芯片互联，极大地满足了大容量信息存储的需求。

（4）控制层设计

PAD、计算机终端、控制系统、控制设备等构成了物联网的控制层，其中，控制设备可大致分成三种，一种是模拟量控制设备，另一种是数字量控制设备，还有一种是模拟数字量控制设备。控制设备的操作方式有两种，一是人工操作控制系统控制，二是控制系统自动控制。控制系统的结构形式分为两种，为了便于操作，一般选用独立的控制终端结构和独立的操作终端。

①操作终端设计。操作终端可以直接控制系统设备，它一方面可对控制终端的参数进行更改，以便设定控制终端工作模式，另一方面可以启动和暂停终端设备。操作终端与控制终端间的通信方式一般是无线传输或者基于互联网的

GPRS。终端结构如下图：

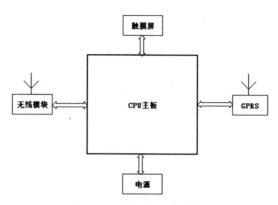

图 12-5-3 操作终端的结构图

在操作终端结构中，CPU 选用 S3C2410 微处理器；触摸屏可以采用性价比较高的 OCMJ8X10B 型号；无线传输模块可以有两种选择，即 SRWF508A 或者 CC1100。

②控制终端设计。直接对农业生产设备进行自动控制需要利用控制终端，控制终端与农业生产设备通过标准的接口进行连接，并根据感知层所得的信息对设备发号施令。控制终端结构图如下：

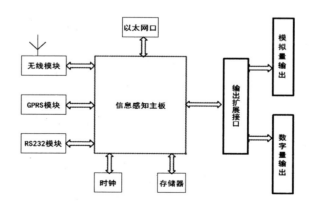

图 12-5-4 控制终端的结构图

图中，CPU 主板选用 MSP430F149 微处理器，其通信形式包括无线模块、GPRS 模块、RS232 模块以及以太网口；输出拓展接口包括两种，即数字量输出和模拟量输出；时钟选用 SD2303A 时钟芯片。

第十三章

智慧城市建设：

怎样推动城市的智能化服务？

当今世界大约有50%的人生活在城市之中，而且城市的数量和规模还在不断扩大，随着人口的增长，城市化的弊端也渐渐显露出来。全球变暖、环境恶化、资源匮乏、交通拥挤和贫富差距大等一系列问题接踵而至，成为了人们深恶痛绝的"城市病"。

目前，物联网技术的飞速发展将城市带入了新的发展阶段，"工业城市"和"数字城市"解决不了的"城市病"，完全可以交给"智慧城市"来根治。智慧城市具有更加智能的人与人、人与物、物与人的互通互联的感知能力，可以更加高效安全地完成数据、资源的高度整合，具备更科学的监测、计算、分析和决策能力以及更加智能化的执行力。智慧城市的建设，不仅为城市的产业规划提供了有力的支持，还为交通、医疗、教育、能源和安全等基础服务提供了自动化、网络化、智能化的解决方案。

智慧城市正逐渐引领着未来世界城市的发展方向，有关专家预测，智慧城市的建设可以使一个城市的发展红利增长2倍以上，实现3倍的可持续发展目标。

1. 智慧交通——交通事故的终结者

随着社会的发展，城市的人口越来越多，在一定程度上带动了经济的发展。但 2010 年以后，汽车的使用频率和数量大大增加，给城市的交通带来了巨大的压力，刮擦、车祸频频发生，停车场的管理效率也不尽如人意。随着物联网技术的发展，智能化的停车场系统应运而生，它可以利用传感器各节点的感知能力来管理和监测每一个停车位，并提供特殊的指引服务。同时，该系统依靠 M2M（机器对机器）平台和 4G 网络覆盖的优势，必能引领停车场自动化和智能化的新格局。以系统为单位，以物联网技术为基础，可以将智慧交通领域所用到的智能系统分为三类。

第一，不停车收费系统 (ETC)。俗称"全自动收费"，即收费过程中不需要任何人工的接触和参与，无需司机停车即可实现自主缴费。ETC 主要依靠射频识别技术、电子技术和计算机技术以及网络通信技术，通过在汽车上安装射频标签，实现与收费车道上的收发器进行数据交换，然后通过联网的银行卡进行自动扣费。车主和司机只需有一张卡就可以在城市的任何一个停车场和小区停放车辆，而各大停车场也无需做任何技术性的装修和改造，也不用改变原有的运行设备和模式。不停车收费系统是建设智慧城市的必然要素，是实现"一卡在手，全城无忧"的前提。

第二，智能停车管理系统。停车场按内部结构可分为封闭式停车场和开放式停车场，封闭式停车场有明确的出入口，缺点就是地点较为隐蔽，使用率低。而开放式停车场可以充分利用开放的道路资源，容易被发现和利用，但缺点也显而易见，就是无法安装门禁系统，逃费现象严重。而且，无论是封闭式停车场还是开放式停车场，它们都有一个共同的缺点，就是缺少对应的停车指引和信息指引，导致进入停车场的车辆无法获取空闲车位信息，既浪费了驾驶员宝贵的时间，也不利于商圈内交通压力的疏导。因此，很多停车场都采用了停车管理系统，它可以将商圈周围多个停车场的车位信息实时发布，并显示在广场的大屏幕上，这样不仅可以降低周边道路的拥堵，还可以减少车辆聚集造成的环境污染。

　　智能停车管理系统的基本工作原理是这样的：总系统为商圈周围每个停车场的车位放置车位传感器，当车辆在某个车位上停放或离开5秒以上时，车位检测器就会通过无线网络将数据发送给总系统，并通过广播电台、大屏幕、车载收音机或者手机短信通知周围的驾驶员。同时，管理平台开始进行车位的安排管理和引导提醒。下面是其系统直观图：

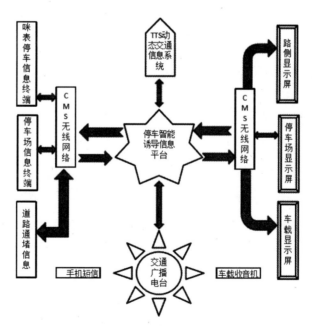

图 13-1-1 智能停车系统直观图

该系统可以分为五部分，分别为前端检测子系统、信息发布子系统、中间传输子系统、控制子系统和管理子系统。

　　（1）前端子系统，包括车辆检测器和车位检测器。车位检测器安置在地面正中，对该车位是否有车辆进行判断，并将信息实时发送到总系统。车辆检测器则设在停车场入口和出口，用于监测车辆通过信息，并通知门禁系统自动控制栏杆的开启和关闭，同时可以自动统计车流量，并向系统进行周期性上报。

　　目前最先进的当属地磁感应车位检测器，它利用磁敏数字式传感器触发车位的检测，再加上红外网络装置的辅助，可以精确地感应车位是否存在车辆。

　　（2）信息发布子系统，包括显示车位的屏幕、触摸屏查询器和网络发布终端。该系统可以对停车场周围的车位信息进行实时发布，还有车位预定查询和寻车功能。信息发布子系统的屏幕一般分两处放置，较大的屏幕放置在停车场旁边的商圈和广场，而较小的屏幕则设在停车场内部的通道内，为驾驶员进行车位引导。

　　（3）中间传输子系统，包括路由节点和中继节点。路由节点采用 MESH 架构，接收车位检测器发送的无线信号，并与网关节点进行通信，通信时可以采用无线，也可以采用有线。中继节点算是一个辅助装置，主要针对距离网关节点较远的楼面车位，它可以自动接收车位检测器的无线信号，然后传输给路由节点。

　　（4）控制子系统，由网关节点组成。网关节点是传输子系统与管理平台的连接枢纽，用于数据的汇集。另外，控制子系统还管理着出入口栏杆、二维码读取器、车辆检测器等装置，完成车辆的正确识别和场内设备的控制，并协助信息发布子系统完成 LED 引导屏的信息发布；还可以提供各种设备的接口，连接其他设备扩展功能。

　　（5）管理子系统，包括后台和现场管理软件、停车信息服务平台和总服务器。现场和后台管理软件采用 C/S 架构，完成对车位的管理服务，其主要功能有二维平面车位显示、空闲车位统计、车位占用统计、空闲车位信息发布和车位使用情况周期统计等，以使停车场管理人员及时了解现场的车位使用和预定情况。

停车信息服务平台采用 B/S 架构，可以与周围的多个停车场后台管理软件进行同步管理。同时，多个停车场设备进行统一监管，信息服务平台和二维码平台、银行卡支付平台相连，完成驾驶员身份的确认和收费金额的计算。

第三，一卡通系统。该系统可以通过一张卡实现不同作用的智能管理，并可以在不同的设备上使用。一卡通将多种不同设备挂在一条数据线上，并通过这条数据线和计算机通信，在同一个数据库中实现卡的发行、挂失、注销和数据查询。典型的一卡通系统分为公交智能化系统和货车智能安全系统。

（1）公交智能化系统。该系统不仅仅指公共汽车，还包括出租车、路桥收费、水电缴费、卖场消费和其他小额消费。要实现智慧城市的一卡通工程，就应该设计层次型的体系结构。首先，设置城市一卡通总系统，我们称之为一级系统，主要负责清算任务；其次，在城市中设下若干个充值和结算子系统，我们称之为二级系统，主要为公交车或出租车提供结算终端，同时，每个二级系统下设若干三级系统，作为公交、出租及其他小额消费的营运子站点；三级系统之后，就是无数 POS 机终端设备，俗称消费点。设计该分层系统的目的就是建设一个覆盖整个城市的公共消费领域，比如用射频识别技术和先进的计算机技术实现电子化消费。

公交智能化系统的核心是信息化管理系统，该系统通过电脑通信、电脑网络、数据库、射频识别卡等领域的先进技术，实现对乘客售票、验票和数据采集以及对公交企业内部的调度、油量统计、排班、决策等方面进行统一管理。

（2）货车智能安全系统。该系统可以看成是一种支付系统，用最新的射频识别技术将射频标签嵌入到手机卡中，这时候，装有该手机卡的智能手机就可以看成是一部 NFC（近距离无线通信技术）手机。此种手机可以代替各种密匙、钥匙或者身份证等私密信息，方便人员进行考勤和消费，在特殊情况下，还能起到门禁作用。

2. 感知菜场系统——智慧饮食实战设计

感知菜场系统又称为"菜场一卡通"，迎合了省内人群刷卡消费增多的趋势，"菜场一卡通"实现了消费者和经营者之间真正意义上的电子钱包功能，让持卡的消费者可以在整个菜场内自由消费。

感知菜场系统并不是将现金交易简单转换为刷卡交易，而是解决我国的生肉市场混乱现状，实现对各种生肉类商品的数据信息追踪。针对蔬菜市场经营者大而散、不易控制等特点，感知菜场系统可以实现对全市蔬菜流通全过程的追踪，对卖家和商品同时监管，有利于规范经营者的行为，提升蔬菜的质量。另外，通过加入"城市放心肉服务体系项目"系统，在各大农贸市场和大型超市使用射频标签电子秤，能确保消费者买到的蔬菜有追溯信息可以查询。追溯系统引入了物联网技术，按照"正向追踪，反向追溯，提升管理"的要求进行批次追踪，应用于蔬菜和肉类安全监督管理的始终，是一个完整的农产品安全控制体系。

追溯系统利用云计算、数据库以及射频识别多种技术，建立了中心数据库，实现数据的融合、监控和查询，为商品的每一个环节提供了最可靠的质量检测和数据侦查，确保产品供应链的高质量数据传输，让肉类和蔬菜行业彻底实现完全透明。感知菜场系统的智能性决定了它的设计并不简单，需要符合阶段性、系统兼容性、技术先进性和成熟性、信息的安全性和准确性，以及系统的稳定性、可靠性、标准型和开放性。

明确这些要点后，我们还要知道感知菜场系统的整体设计目标是建立一个以结算系统为核心的一级平台，然后下设以小金额支付业务为基础的、连接各大菜场和发卡维护网点的二级应用平台。最后，再由智能 IC 卡与 POS 机组成三级应用平台，从而全面实现电子化消费。菜场系统在具体建设的时候，要结合菜场的特点和性质，分两个阶段进行：一是基础阶段，制造安全可靠、性能稳定、易于维护和拓展的菜场管理数据中心，然后发行具有支付和读取写入功能的非接触式芯片卡；二是完善阶段，建立菜场无线终端，利用芯片卡的支付功能，建立一个数据反馈和付费系统，并进行 POS 机布点，完成初步的试水建设，然后逐渐覆盖整个市场和周边的领域圈。下面，我们就系统的各个平台以及工作流程进行详细的分析：

第一，一级平台。该平台主要包括数据管理中心和数据中心，监管整个系统中硬件和软件的正常运行。一级平台中的数据库有很多种，包括"充值数据库""消卡数据库""结算数据库"以及"查询数据库"，因此，一级平台几乎涵盖了所有的管理业务流程，其接口以菜市场为整体划分，每一个接口都可以支持相对应的代理银行点。

第二，二级平台。该平台可以协助一级平台进行资金的清算，并提供消费的各项信息，为平台拥有者提供准确的数据，为管理决策提供有力的参考，从而起到节省资金和提高服务质量的作用。

第三，三级平台。又称为"用户平台"，可以为广大市民提供丰富的交易环境。该平台实现了芯片卡与 POS 机的数据交换，也真正实现了"一卡在手，买肉无忧"。另外，系统还会在交易日的第二天将前一日的交易以短信形式发送给消费者，同时，经营数额和交易数量也会以短信的形式发送给经营者。

第四，信息流程。当手持芯片卡的消费者在菜场的支付终端进行消费时，其交易信息就被记录在了 POS 机中，充值终端为芯片卡充值时，其数据信息也会被记录下来，具体流程是：菜场开始营业时，经营者启动 POS 机进行签到，当第一个消费者在该 POS 机上刷卡消费时，POS 机就会记下这次交易信息，并传输到管理中心，再由管理中心反馈交易进行指令，提示经营者进行下一步的交易工作。因为菜场中的 POS 机不会轻易移动，所以发生在卖场中的交易数据可以通过 ADSL（非对称数字用户环路）等方式进行联机由 POS 机的无线终端传输到管理中心。

第五，资金流程。菜场芯片卡交易业务一般采用代理的方式，菜场管理中心、经营者和银行各自独立。为了便于资金的划拨，我们可以在三者之间建立一个芯片卡专用账户，用户的办卡、充值和交易都由代理企业代收资金。卖场下班后，管理中心会通过系统进行结算，根据各种交易和充值记录，向代理单位进行结算申请，完成资金的正确划拨。

在整个平台的应用领域中，根据数据库存储类型的不同可以分为两种，一是用于各个环节子系统进行数据读写的处理型数据库，二是用于政府监督和消费者查询释疑的仓库型数据库。处理型数据库由两台应用服务器和两台数据服务器组成，有很强的可拓展性和容错能力，并可以随着用户数量的不断发展而扩展。仓库型数据库主要通过数据冗余系统，实时地从生产环境库连接到热备环境库，使政府数据分析平台和消费者查询系统都可以调出该数据库内的数据进行分析和汇总。

另外，所有对外业务的传输口均同意配有防火墙，用来保护应用服务器、数据库运行模块和网关模块的安全畅通，防火墙的安全策略要遵循"非此即彼"的原则，即除了明确允许，就只有禁止，不能存在第三种模棱两可的选择。

在感知菜场系统中，用得最多的还是传感器，传感器的前方节点可以组成前端采集网络，我们称之为"无线读卡传感器网络"。这些设备通过无线局域网络，将经营者、消费者和商品等由数据通过传感器采集并在第一时间发送给指挥中心系统和协同感知系统。此外，视频采集系统也通过有线网络，将现场的图像信息发送到指挥中心系统。指挥中心系统通过这些传输过来的数据，进行智能的判断算法后得出行动指南，以达到智能监控的目的。

感知菜场系统中的软件设计基于 SOA 体系，出发点是为使用蔬菜和肉类信息查询系统的消费者提供某种技术手段，帮助他们完成工作。所以，软件系统的本质是"业务流程"，而不是一个单纯的计算机应用。该系统的设计要充分考虑以下几点质量要求：

第一，多性能。性能包括主机、网络、数据库和应用软件等多个层面，同时还要考虑到业务量增加所带来的系统负担。

第二，扩展性。软件系统平台的功能有时候需要调整和增加，为了满足日益增长的需求，整个系统功能的设计必须采用组装和插件技术，以便对落后的应用随时更新。

第三，可靠性。这要求各个子系统在部署的时候应当有相对的独立性，避免单点故障影响到整个系统，还要采用成熟的、经过严格检测的应用工具和模块。

第四，安全性。系统要进行端点验证，有惟一的序列编号。数据和信息都要经过安全加密，并可以对错误和攻击进行有效的监测。

第五，易用性。软件系统平台的用户群体范围大，必须要提供统一的信息门户，方便多样化的信息进入系统。此外，要针对不同类型的消费和设计综合的界面，保证每一位用户都能正常的使用各项功能。下面是系统软件的整体层次图：

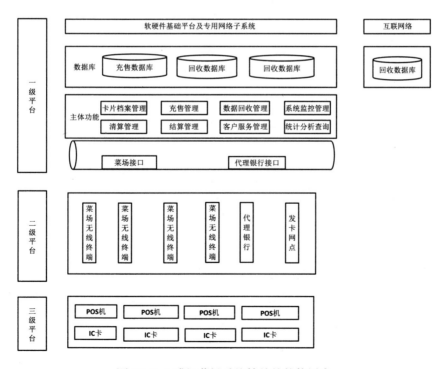

图 13-2-1 感知菜场系统软件的整体层次

上图可以看成是系统的总体架构，它包括系统从设计、开发、运行等各个环节所涉及的重要内容。到这里，感知菜场系统还需要外设的设计方案，所谓外设，就是非接触式 IC 卡、IC 卡读写器和智能溯源电子秤、消费者追溯终端以及标准化蔬菜周转筐。这些硬件的选择较为简单，只要遵循耐用、扩展性好的原则就可以了。

3. "人人健康，健康人人" 的智慧医疗

IBM 公司多次在智慧地球的建设发布会上指出："医疗资源的匹配、医疗服务的质量以及医疗水平的增长速度已经成为了影响城市和谐发展的重要因素，医疗改革非常紧迫。"所以，整个社会需要建立一套融合多种前沿技术的智慧医疗系统，降低患者的就医成本，使他们获得更多的治疗方案，享受到更加友善的服务。

智慧医疗系统的定义设计包含六个方面：一是互联，经过患者授权的医生可以随时翻看病人的病历，并能获得其病史、曾经的治疗情况和保险明细，患者通过系统也可以自主的更换主治大夫或者医院；二是协作，将各大医院或医疗机构的仓库变为共享，可以最大程度地整合医疗数据，构建一个综合性的医疗网络；三是预防，可以实时预测、分析和处理重大的医疗事件或难题，以最快的速度做出响应；四是普及，将农村或者社区的医院通过网络连接到市中心的大医院，便于实时获得资深专家的建议和培训，也方便患者随时转院；五是创新，依靠大数据和信息整合增加知识贮备量，加速临床的研究和创新；六是可靠，使医生们在遇到棘手的疑难杂症时可以通过搜索数据库，引用大量的经验和证据来帮助自己做出诊断决策。下面是智慧医疗的概念图：

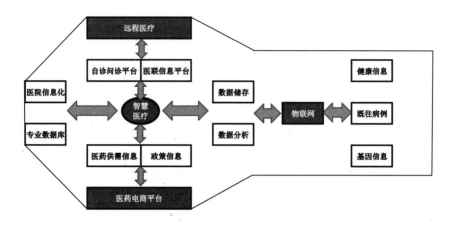

图 13-3-1 智慧医疗概念图

由此可见，智慧医疗可以让整个医疗行业的每一个群体受益。更为强大的感知能力加上基于物联网技术的信息化医疗系统，可以使整个医疗网络连接到一起，使患者随时通过终端掌握自己的健康状况，而医生也可以依靠终端提升自己的诊断正确率，弥补了病历丢失而无法得知病情的弊端。当然，智慧医疗的实现需要先进技术的支持，其涉及的热门技术主要包括：无线网络和通信技术、射频识别技术、视频技术、无限传感技术、云计算技术等。智慧医疗技术发展和创新的关键在于"在最短的时间内，把最精确的针对性服务带给需要的病人。病人的病情信息是实现个性化治疗的基础，打造全面的信息化平台、外设必要的移动设备支持共享，是提高医疗服务水平的保证。"所以说，病人的电子病历、医疗平台和移动医疗是智慧医疗的三个核心组成部分。

第一，电子病历。也称电子健康档案，它是智慧医疗系统的基础。电子病历建立后，人们的病情、病史等健康信息就会更加高效、安全地被计算机管理，减少了资源的消耗。再者，电子病历保存在共享网络中，只要患者同意，其数据就可以传播，无论是医生或病人自己，都可以更好地管理这些数据。

电子病历在内容上远远超过了传统病历，在大数据的支持下，它以人的健康状况为核心，把人的生命阶段当作时间轴，将健康、疾病、卫生活动或突发情况作为三个纬度构建了一个逻辑架构，对人一生中面临的各种类似问题进行汇总，并对所记录的海量数据进行科学的分析和抽象的描述，使之结构化。需要明确的是，电子健康档案的普及范围是地球上所有的人，而非只有病人。

例如，第一维度为生命阶段，它按照不同的生理年龄将人分为若干个阶段，如新生儿阶段、婴儿阶段、幼儿阶段、学龄前阶段……也可以根据实际需求，简单分为儿童、青少年、青年、中年和老年等。第二纬度是健康问题，每一个人在生命的不同时期所面临的健康问题不尽相同，而电子健康档案可以将每个人的这部分数据汇总，得出不同生命阶段健康问题的共性，即方便人们进行健康管理，又为疾病研究提供了宝贵的数据资料。第三纬度则记录了医疗卫生机构开展的一系列医疗和保健措施，这反映了居民的卫生服务利用情况。

电子健康档案的信息量巨大，来源非常广泛，且具有很强的时效性，很多重要信息在短时间内就会成为无效信息。而且，在很多情况下，这些数据需要从一个设备转移到另一个设备，这就对数据的移动性和兼容性提出了要求。因此，电子健康档案需要有一个科学专业、简单灵活的共同标准。目前，其数据标准可以分为三类：

（1）相关卫生服务基本数据集标准。基本数据集指组成某个卫生事件记录的基本数据源集合，每一个基本数据集对应一个健康档案的卫生服务活动。数据元的名称、含义、识别符号、数据类型、值域代码以及取值范围都由基本数据集规定。

（2）公用数据元标准。在两个或两个以上数据集中重复出现的数据元就是公用数据元，公用数据元是不同领域之间进行高精度数据交换和共享的基础，公用数据元标准规定了健康档案必须要汇总和记录的公用数据元最小值以及数据元标准，这样就能使健康档案的信息内涵统一，指导其数据库的规划设计。

（3）数据元分类代码标准。健康档案中的数据元之间隐藏着一定的结构关联，为数据元进行科学的分类，能够建立统一的标准化的信息分类结构，使不同的数据元根据不同的性质，分别隐藏在相应的层次化结构中，方便医生和患者快速共享和分析。

第二，医疗平台。

（1）区域医疗信息网络。该网络平台提供各个医疗机构的专业人员和系统的集成与合作环境，使医疗机构和患者更方便地依靠健康档案共享和交换信息，而医疗机构各方提供的服务通过总线连接起来，从而促进基层医疗服务体系的完善。

（2）临床科研信息整合平台。该平台为以病人为中心的医疗数据管理共享系统提供了一个电子病历解决方案，将患者对自己病情的叙述和医生检查到的表现进行汇总，并和检测到的影像结果相结合，实现应用和数据的高度整合，方便医疗分析，为医学分析和临床研究提供了数据基础。

（3）医疗协同平台。该平台可以对各种医疗资源进行系统整合，为医生提供准确的、集成的、可操作的信息数据，从而为患者提供优质的服务，在降低成本的同时，也减少了医疗事故。

（4）云计算医疗平台。以云计算为支撑的医疗平台可以与医疗设备或资源通过互联网或局域网连接起来，在降低经营成本的同时提高了医疗资源的使用率。另外，还可以通过 Software-as-a-Service 软件应用模式，为医院或者个人提供完整的在线服务，包括电子健康档案和注册愉悦，为病人提供了极大的便利。

第三，移动医疗。所谓"移动医疗"，就是通过移动通讯技术来实现快捷的医疗及其相关服务，所使用的终端设备也呈现多样化，如掌上电脑、智能手机等。移动医疗坚持小型化、低成本、高效率的原则，解决了资源相对匮乏的发展中国家的医疗问题。移动医疗适用的范围非常广，主要有以下几个方面：

（1）教育与培训。各个医疗机构之间可以依靠无线网络连接，依靠特别定制的终端甚至是微信来互相提供测试或治疗方法，以及疑难杂症预防、医疗管理等方面的信息。再者，医生们还可以通过移动通讯技术查询各种数据资源，是提升其工作能力的一个有效方法。

（2）远程数据采集和监控。无论是医疗机构还是各级政府部门，都需要准确的信息和数据及时更新相关的政策。所以，依靠移动医疗技术在相应的地区进行数据采集，分析之后进行资源共享就显得非常重要。此外，移动通讯技术还可以对患者进行远程监控，即便患者不在医院，医生也能在终端上得知病人的病情和健康状况。

（3）疾病的跟踪与防治。传染病在以前非常难以控制，像霍乱和非典型肺炎这样的传染病如果不能被及时发现，就有可能发展为流行病，危害深远。随着移动医疗的普及，疾病信息可以在第一时间得到发布和反馈，比以前的卫星和无线电的速度要快许多。

4. 智慧教育——我们的"全民教师"

随着社会的发展，教育已经成为了继土地和资金之后，决定国力强弱的第三大核心因素，世界各国早在上个世纪 70 年代就已经意识到了教育的重要性，并开始不遗余力地大力发展相关产业。目前，智慧教育又被提上了日程，那么，什么是智慧教育？怎样实现智慧教育呢？

IBM 公司认为，智慧教育有五大特征，即"技术沉浸、个性化学习路径、知识技能、全球整合和经济联合"，而这五大特征正在全面融合，力求形成一种创新的模式。要实现智慧教育，首先需要建立全面而智能的网络教育平台，同时需要综合一些物联网技术，如云计算、数据挖掘技术等等。

智慧教育一个最主要的特征就是以学生为中心，在其体系中，学生们可以根据自身的不同情况自主选择适合自己的学习途径和方法，不仅可以学习自己所在学校的全部课程，还可以在不同的学校之间进行智能切换。针对学生的评价系统也做出了相应的改变，不再是根据学生学习了多少课程或者测试得分的多少来评定优良等级，而是分析学生是否具备自主学习，从而而改变自己的能力。

以学生为核心的整个教学中，传统教育和智慧教育的理念是一致的，只不过以前的理念是由老师在每一堂课程上践行，但学生数量少、内容单一使教学的力度和质量都达不到一个满意的标准。而智慧教育却可以运用一定的技术手段，在网络或其他载体上定制相关的资源，满足学生个性化的需求。为了完成这个愿景，需要运用两个技术：一是开放标准，即在互联网上为教育提供一个统一的标准，例如，制定一个学生学习效果评估工具。多样化的教学内容，让师生可以在晚上互动，并共同使用这些资源，提高学习和工作的效率。

二是终端消费电子产品，这些终端非常轻巧，可以供学生们随时使用。终端的基础技术就是云计算，学生们凭借该终端就可以连接学校的服务器，接收到更多的知识。例如，IBM 就曾经建立了一个教育门户网站，教师和学生们都可以通过这个网站了解彼此的情况和信息，每一位老师都可以在网上建造一个独立的讲堂，共享他们的心得和实践。而且，IBM 还在晚上建立了一个课件仓库，可以方便老师查询每一节课所需的内容和工具，节省了大部分的时间和资源。

智慧教育要稳定地开展下去，网络的支持，这里提到一个专业名词——e-learning，中文翻译为"在线教育"，美国教育专家罗森博格认为，在线教育有三个基本标准：一是能够实时更新、存储、共享和分配教学内容和资源；二是充分利用标准的网络技术，通过计算机将信息发送到学生手中；三是用最先进，最宏观的学习方法，超越传统地培训解决方案。由这三个基本标准，我们可以推导出在线教育的特点：

第一，可以提供多种多样的学习内容。如文本、图形、视频和音频等多媒体元素的学习内容应有尽有，可以调动学生听觉、视觉等多种感官，使原本枯燥乏味的课程变得生动有趣。而由于每个学生的学习方法和方式各不相同，通过多样的交互方式，又可以让每一个学生拥有属于自己的个性化体验。

第二，自主学习。在线教育完全以学生为中心，将被动学习转变为主动学习，为了激发学生的自主学习兴趣，在线教育使学习从单一的课堂搬到了电脑桌面、智能手机，甚至是 MP4，让学生们可以按照他们自己喜欢的方式和步伐随时随地地学习，避免了部分侧重点的重复学习。

第三，记录数据。在线教育可以记录学生整个学习的过程，包括学习频率、内容分布、成绩汇总，从而依据监控学习的全过程对学生的学习状况进行全面正确的评估。这些记录还可以让学生自己选择保密或者共享，共享的好处就是可以让其他的学习者知道你所涉及的学习领域和学习习惯，便于志同道合的人互相交流心得，共同学习、讨论和反思。

第四，知识获取快。心理学家表示："人类获取的信息有85%以上来自于视觉，10%来自于听觉，3%来自于嗅觉，1%来自于触觉，另有1%来自于味觉。"而关于知识记忆能力的研究则表明："正常的人一般能记住阅读内容的10%，听到内容的20%，看到内容的30%，以及交流中自己所说的内容的70%。"也就是说，如果我们既能看到又能听到，再通过阅读、写作和讨论，理论上就可以记住90%以上的知识内容。而在线教育恰恰能够做到这一点。

值得一提的是，在线教育非常依赖网络基础设施，也需要该领域先进技术的支持，需要的软硬件也相对较复杂，如计算机、网络传输设备、系统总线以及学习管理系统，还要配备符合标准的课程软件。这也就决定了在线教育的一个劣势，即如果网络发生故障，服务器的信息无法传送，学习则无法进行。抛开这些客观因素，在线教育在主观方面也有其局限性，因为无论是文字、声音还是视频交流，都比不上面对面的交流，它缺乏的是情感的互动。学生与老师之间如果没有这种情感沟通，势必会影响学习的效果。所以，在线教育虽然是未来的主流，但也不能过分依赖，现阶段最好配合其他可以面对面的互动方式双管齐下，交叉培训。

5. "取之不尽，用之不竭"的智慧能源

能源是一个国家的重要物质基础，也是人类赖以生存的基本条件。纵观历史，人类文明与科技每一次的飞速发展都离不开能源的支持，从第一次工业

革命的蒸汽，到第二次工业革命的电力，再到第三次工业革命的原子能和生物能，靠的都是能源的开发与利用。

能源按照来源，可分为天然能源和人工能源。天然能源来自于大自然，没有经过任何转换与加工，包括潮汐能、太阳能、地热能、煤炭、天然气、石油等；人工能源则是指人工制造或转换而成的能源，包括激光、氢气、蒸汽、电力、煤气等。很久以前没被人们广泛利用的煤炭、石油等被称作常规能源，而被人们利用不久，还有待研究的能源被称做新能源。

能源多种多样，天然能源曾经的蕴藏量也非常丰富，但随着地球人口的增多，对能源的消费和开采量剧增，传统的能源开发与供应已经满足不了人们对能源的大量需求，能源匮乏已经成为了经济发展的重要阻碍，极大地影响了人们的生活。在这样的大环境下，智慧能源的概念应运而生。

智慧能源，即在能源上实现万物相连和数字化，将各种能源连接到一起，进行统一的智能化开采、运输、使用和研究，并利用各种能源转换技术和能源使用终端设施，将智能化信息系统和物联网系统整合到一起，共同解决人类社会面临的各种新问题。

智慧能源更多的是指利用先进的技术研发新的能源，并尝试新的使用模式，包括能源转换概念和标准、热力循环新思路以及能源动力新模式。实现网络、化学能和物理能的综合运用，是提高能源使用效率和改善环境的关键。智慧能源主要分为以下几种类型：

第一，智慧电力。智慧电力最重要的表现就是智慧电网的建设，智慧电网具备两个特点：一是可靠，不论用户在什么地方，都可以享受可靠的电力供应，智慧电网对自然灾害和网络攻击的抵御远远超过传统的电网；二是环保，智慧电网依靠先进的技术在发电、配电和储能方面进行不断创新，在不破坏环境的前提下为城市、道路、家庭提供所需的电能。另外，借助网络技术，电子公司还能远程监视和控制用户的供电设备，轻松解决用户在用电过程中出现的问题，而用户也可以通过智能电表随时查询自己的用电情况，实现合理用电。

根据智慧电力专家的估计，如果在建筑物中放置大量的传感器，并利用定位、智能控制和分布式能源等技术，就可以实现精确供能。例如，一个小型卖场里，有 50 盏灯，营业的时候，所有的灯同时开启，每盏灯所耗费的电力也相同。但实际上，我们根本用不到这么多能量，如果采用智能感应照明，每盏灯上的传感器就可以自动感应周围的环境，随时调节所发出的能量，从而减少大量的电力消耗。总体来说，智能电网需要以下几个核心技术：

（1）通信技术。智能电网需要海量的数据，并且需要具备保护与控制功能，所以，建立快速、多向、实时和整合的通信系统是建立智能电网的基础。

（2）测量技术。利用先进的参数测量技术可以快速获取有用数据，供智能电网的系统使用，该技术可称得上智能电网的基本组成部件。

（3）设备技术。智能电网要大量使用先进的设备，对设备也要求有高功率密度、供电可靠以及强鲁棒性。

（4）控制技术。智能电网用到的控制技术较复杂，主要能控制数据和设备的分析、诊断、预测和消除供电中断和信号干扰。

第二，智慧水源。智慧水源的出现是为了解决当今世界水资源分布不均、开采过度的难题。智慧水源的核心技术是智慧监控，就是在水资源密集的河或溪流中放置传感器和射频标签，这些传感器收集到水资源的各项数据后反馈给后台的计算机系统，由计算机进行各种先进的分析和处理。随后，显示屏上就会出现虚拟的河流，每一个层面的变化都能够显示出来，水资源的质量和污染程度的变化甚至也会被实时传输到计算机。这有利于当地的政府、科研人员以及当地经济规划者做出合理的决策。

例如，在爱尔兰，工业发展署和环保部共同建立了全球 D3 监控中心，对区域内的水资源进行管理和监控，并利用传感器测知河流的流动、海浪的高度以及浮游植物的生长情况，为整个爱尔兰的工农业建设以及环境保护提供信息支持。

对自来水公司而言，智慧水源可以利用物联网技术建立一个安全用水管理系统，实现充值卡预收水费、无线查表、水位监测、远程监控等功能，解决了客户拖欠水费的问题。

第三，智慧新能源。在物联网时代，智慧新能源的概念并不抽象，简而言之，就是将能源技术、智能技术和物联网技术相结合所形成的全新能源产业。新能源可以根据人们的不同需求相互转化和分配，达到高效利用、低污染的目的。

例如，我国在相当长的一段时间内大力开采煤矿，过度地利用煤矿资源，虽然在一段时间满足了人们地日常生活所需，但也导致了二氧化碳的过量排放，对环境造成了污染。为此，我国开始大力开发核电、水电等新能源，并宣布："2020 年水电装机达到 3 亿千瓦以上，核电装机达到 7000 万瓦以上，风电、太阳能以及其他可再生资源达到 1.5 亿吨标准煤以上，国内生产总值二氧化碳排放比 2005 年下降 50%。"

无论是智慧电力、智慧水源、智慧新能源，还是其他智慧能源领域，都属于智慧能源网的范畴。智慧能源网又叫互动能源网，就是利用先进的网络通信、传感、物联、新材料、云计算和海量数据优化等技术，对传统能源的层次架构进行创新和优化，建立一个智慧能源的开采、研究、消费的相互整合。